岩波現代文庫
学術 49

芦原義信

街並みの美学

岩波書店

目　次

I

建築の空間領域

1　内部と外部

建築とは、通常、屋根や外壁によって自然から切りとられた内部の空間を含む実体のことである。そこで、大きな彫刻や送電線の鉄塔のように内部空間のないものは、たとえ建築的な規模のものであっても建築とは言いがたい。内部空間は、内部であることによって人間を自然の脅威や外敵の侵入から庇護し、目的や機能のある生活の場を提供するものである。スペインの南部グラナダの東六〇キロのグワディックス(Guadix)(写真1・2)やプルレナ(Purullena)に行ってみると、丘の斜面に洞窟が掘ってあり、現在でも人々が住んでいる。その内部は通常の石造建築の内部となんら異なることはないけれど、入口の扉のある白い壁面や空気抜き煙突以外は建築としての外観を伴わない点が一般の建築と趣きを異にしている。しかし内部空間をもっている点から考えれば、この洞窟住居も建築である条件を満たしているということができよう。

さて、きわめて常識的にいうと、建築空間は、床、壁、天井によって実体的に限定される(図1)。よって、床、壁、天井を建築空間を限定する三要素と考えることができる。内

写真1　グワディックスの洞窟住居

写真2　洞窟住居の内部

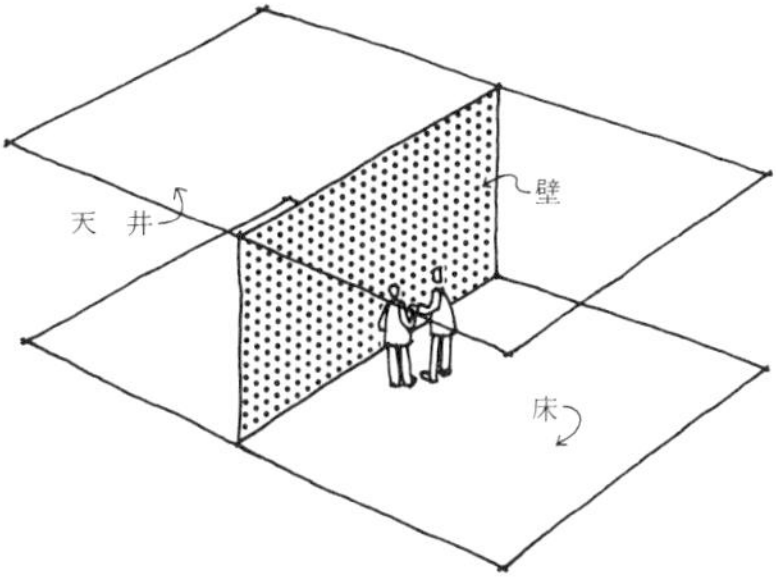

図1　建築空間を限定する3要素

部空間は、この床、壁、天井のような具体的な境界によって外部である自然から切りとられ、建築空間を形成するのである。内と外というような空間秩序を形成してゆく上には、どうしても際立った境界線を必要とする。建築はそれをとりまく「外部」とは対照的に「内部」として体験されるものであって、当然、ある限定された大きさを有するものである。無限の大きさの建築というものがありえないということは建築の本質に境界の存在があるからである。言いかえれば、建築とは境界をつくって「内部」と「外部」とを区別する技術であり、境界から内に向って求心的に空間を秩序だてる方法である。従って、この境界の在りかたは建築空間にとってきわめて重要なものであり、境界の内側の「内部」には平穏で庇護性のある空間がつくられるのである。

外から家に帰ってくるとき、玄関でなんの疑いもなく靴をぬぐ。われわれ日本人にとっては靴をはいている空間は「外部」であり、靴をぬいでいる空間は「内部」であるということが永年の生活の習慣として身についていると言える。そして靴をはいて外にいるときは、ある種の緊張感があり、靴をぬいでやっと解放され、やれやれ家に帰ったという実感をもつのが、おおかたの日本人の偽らざる心情であると考えられる。

わが国の最近の都市住宅の中には、すっかり西欧化して、リビング・ルームはゆったりとし、家具、じゅうたん、カーテン等もうまく調和し、化粧室や台所は明るく近代的であり、まるでニュー・ヨークか北欧のアパートにでもいるのではないかと錯覚をおこさせるほど西欧的な住いもある。このような国際的水準から見て質的になんら遜色のないわが国の住いでも、西欧の住いとは本質的で重要な違いが一つある。それは、西欧の住いには都市や街のような公共的な外部の秩序の一部であるという基本的な考えがあるのに対し、わが国では住いは家庭という私的な内部の秩序であるという考えが基本的にあり、その結果、西欧の家の中では外にいる時と同じように靴をはいているのに、わが国では家の中では靴をぬいでいるということである。

靴をはいているのかいないのかという、たったそれだけのことが、それほど本質的で重要な違いであるのかという反論もあるであろう。建築の空間を領域的に考察する場合には、このことは見逃がすことができないほどに重要な問題なのである。

通常、建築を考える場合、「内部」と「外部」との境界線を一軒の建築の外壁に想定し、屋根のある建物の内側を「内部」、屋根のない建物の外側を「外部」と見なしている。しかしながら、最近の建築では一軒の建物の規模が巨大となり、かつ、複合化されて、都市的規模の「群の建築」を形成するようになってきたため、「内部」と「外部」とを簡単に規定できない場合もないとは言えない。例えば、複合的巨大建築では、「都市の廊下」などに見られる「内部のような外部」ができたり、建築の内部に沢山の樹木を植えて「外部のような内部」ができたりしていることがある。

　しかしながら、この「内部」と「外部」の設定には、西欧人とわれわれ日本人との間に意識の上でどうしても差異があると考えないわけにはいかない事実がある。このことをつとに指摘したのは和辻哲郎で、名著『風土』の中で次のように述べている。

> 最も日常的な現象として、日本人は「家」を「うち」として把捉している。家の外の世間が「そと」である。そうしてその「うち」においては個人の区別は消滅する。妻にとっては夫は「うち」「うちの人」「宅」であり、夫にとっては妻は「家内」である。家族もまた「うちの者」であって、外の者との区別は顕著であるが内部の区別は無視せられる。すなわち「うち」としてはまさに「距てなき間柄」としての家族の全体性が把捉せられ、それが「そと」なる世間と距てられるのである。このような「うち」と「そと」の区別は、ヨーロッパの言語には見いだすことができない。室の内外、家の内外を言うことはあっても、家族の間柄の内外を言うことはない。日本語のうち・

そとに対応するほど重大な意味を持つのは、第一に個人の心の内と外であり、第二に家屋の内外であり、第三に国あるいは町の内外である。すなわち精神と肉体、人生と自然、及び大きい人間の共同態の対立が主として注意せられるのであって、家族の間柄を標準とする見方はそこには存せぬ。かくてうち・そとの用法は日本の人間の存在の仕方の直接の理解を表現しているといってよい[1]。

われわれ日本人の「うち」は家であり、家の外の世間は「そと」であるということを建築の空間領域的に見直すと、靴をぬいでくつろいでいる空間は「うち」であり、靴をはいている空間は「そと」であるということができよう。

そこで、一つの卑近な例をあげてみよう。いわゆる西洋式ホテルと、温泉観光ホテルのように旅館から出発したホテルとの違いは、一体どこにあるのであろうかということを検討してみたい。両者とも外観を見れば堂々たる鉄筋コンクリート造の近代建築であるが、内部に繰り広げられる空間の秩序はまったく異なっているのである。それは「内部」と「外部」との境界の置きかたによるのである。旅館から出発したホテルは、まず第一に玄関で靴を脱ぐ。通常、われわれ日本人にとっては靴をぬいだ所から「内部空間」にはいると考えられるから、玄関ロビーも廊下もエレベーターもすべて「内部」であり、ゆかたに丹前で自由に闊歩できる空間であり、むしろ背広にネクタイの正装でいる方が場違いであるような感じすらするのである。そして通常、旅館式ホテルの玄関は夜は鍵を締めるかわりに個室には鍵をかけない。入浴のような個人的で私的な行動も海や山の見える景勝の大浴室で多数の人が一緒に行う。日本人にとって、旅館は「家」の拡大された「内部」の空間であり、ここに偶然泊り合わせた人々は家族の一員であるようにふるまうのが喜ばれるのである。

それに対して、いわゆる西洋式のホテルではどうであろうか。通常、ホテルの玄関は二十四時間開放されていて、靴をはいたまま自由にロビーや廊下を歩くことができる。これらの空間は日本式のホテルの空間とは異なって、街路のような外的秩序の延長であり、また、公的な空間でもある。であるから、これらの場所でたまたま泊り合わせた人々と馴れ馴れしくしたり、ゆかた、パジャマ、ステテコだけで闊歩することは、ここを「外部」と考えている人々にとってはいかにも不都合である。西洋風のホテルでは個室はきちんとした壁や頑丈な扉によって区別され、その扉には精巧な鍵が取り付けられている。この個室ではじめて「内部」に入ったと考えられるから、靴をぬぐことも、ゆかた、ステテコ姿になることもまったく自由である。その代り、個室を出るときは、わが国で家の玄関を靴をはいて出るのと同じ意味をもつ。靴をはいて個室を出れば、家庭内の食堂であろうとホテルの食堂であろうと街のレストランであろうと同じく「外部」である。西欧の伝統としての「内部」「外部」の意識にはこのような考えがあると思われる。

さて、靴をはいたまま暮らす西欧的雰囲気とは、独立した個の対立による外的秩序の空間であり、靴をぬいで暮らす日本的雰囲気とは、わけへだてのない個の集合による内的秩序の空間であるということができる。ここで外的秩序は内的秩序に必ずしも優っているとも考えられない。内的秩序には外的秩序にない親密感や安心感があり、住む人々に仲間意識やくつろぎを与えてくれる。しかしながら空間領域には意識の上で内外の別があり、どこにこの境界線をおくのかということを強く意識する必要があると考えられるのである。たとえば、列車の寝台車やホテルの廊下を外的秩序と思っている人々と、同じ場所を内的秩序と思っている人々とが同席すると、服装、態度、話し方等が不調和で、お互いに不愉快な思いをすることがあるからである。

わが国では伝統的に、家の内部に整然たる秩序をととのえ、家族を中心に一軒ごとに内的秩序を保ってきた。内部に秩序をもつということは、別な見方をすると建築の外部には無関心であることを意味し、都市空間の充実という構想は稀薄であった。それに対し、西欧諸国では、イタリアの広場などに見られるように建築の外部にも美しい模様の舗装が古くから発達し、また家の中まで靴のまま入るという習慣が生れてきた。この西欧の生活の中には外的秩序の考え方があり、日本の住いの中で行われるようなことが外で行われる。教会で祈り、公園で休み、レストランで食事をし、広場で談笑するということになるのである。

ところで、わが国の大学のキャンパスのありかたが大学紛争以来とみに注目を集めてきたが、ここで、大学の構内は内的秩序の空間であるのか外的秩序の空間であるのか、一体どちらなのかについて考えてみたい。アメリカの大学をおとずれてみると、街の公道が大学の中を突っきり、いつのまにか大学のキャンパスとなり、またいつのまにか街の住宅地になってしまう場合がよくある。大学も各学部はそれぞれの道路に面するから、何々通り何番と、各建物ごとに住所が異なることがよくある。そのように、大学のキャンパス自体は街の一部であり、構内は外部の空間であり、外的秩序に属している。ただし、構内の秩序は特別な大学警官(ユニヴァシティー・ポリス)によって市内と同様な方法で保たれている場合が多い。それに対して、わが国の大学では、正門、裏門のような門があり厳重な塀や柵に取り囲まれて構内の空間を形成している。であるから構内は内部の空間であり、内的秩序に属している。このような内部空間に外部の秩序に属する人々が入ってくることが、あたかも家庭に他人が侵入したかのように教官も学生も感ずることは、大学の構内が意識の上で内部の空間であるからである。大学の門を入る時、実際は靴をぬがないが、空間領域の意識の上では、あたかも正門にある下足で靴をぬいで家の「内部」に入った時のそれである。家の内部には在来は強い家長のリーダーシップがあり、常に平穏と愛情によってその秩序が保たれてきた。ところが、最近では家長のリーダーシップは薄れ、父と子とのはげしい争いが生じてきた。父親はなんとしても親子の愛情によってこれを解決しようとする。教官も学生も靴をはいたまま、靴をぬいで家の中に居るような意識で行動するのである。わが国の大学は建築空間の領域の点から考えると内的秩序の空間であって日本式旅館の空間であり、西欧式ホテルのような外的秩序の空間ではないと言えるのである。

さて、西欧のホテルや住いの廊下やロビーは外的秩序の延長であり、靴をはいたまま歩くといったが、それは空間を外的秩序によって統一する考えかたである。もし、日本的内的秩序によって空間を統一して考えれば、家の外の道路や公園を室内と同様に素足や足袋はだしで歩くことを意味するのである。もし、われわれ日本人が足袋はだしで外を歩くことを現実的でないと考えるなら、われわれ日本人と西欧の人々とは空間領域の統一のしかたに違いがあるということを説明しているといえよう。このことをいみじくも述べたのは、やはり和辻哲郎であった。

一歩室を出れば、家庭内の食堂であると街のレストランであると大差はない。すなわち家庭内の食堂がすでに日本の意味における「そと」であるとともに、レストランやオペラなどもいわば茶の間や居間の役目をつとめるのである。だから一方では日本の家に当たるものが戸締まりをする個人の部屋にまで縮小せられるとともに、他方では日本の家庭内の団欒に当たるものが町全体にひろがって行く。そこには「距てなき間柄」ではなくして距てある個人の間の社交が行なわれる。しかしそれは部屋に対してこそ外であっても、共同生活の意味においては内である。町の公園も往来も「内」である。そこで日本の家の塀や垣根に当たるものが、一方で部屋の錠前にまで縮小したとともに他方で町の城壁や濠にまで拡大する。日本の玄関に当たるものは町の城門である。だから部屋と城壁との中間に存する家はさほど重大な意味を持たない。……日本人は外形的にはヨーロッパの生活を学んだかも知れない。しかし家に規定せられて個人主義的・社交的なる公共生活を営み得ない点においては、ほとんど全くヨーロッパ化していないと言ってよいのである。路面にアスファルトを敷いても、それが足袋はだしで出て行ける場所であると誰が感ずるであろうか。あるいはまた靴をはいても、そのままで畳の上にも上がれるはき物であると誰が感ずるであろうか。すなわち「家の内」と「町の内」との同視がどこに存するであろうか。町をあくまでも家の外として感ずる限り、それはヨーロッパ的ではないのである。[2]

と述べて、ヨーロッパと日本の「内」「外」の統一のしかたのちがいを、はっきり指摘しているのである。

家と街並みとを空間領域的に同視して家の中でも靴をはいて生活してきた西欧人と同じような同視をわれわれ日本人がすべきだとしたならば、家の外の街並みを素足や足袋はだしで歩けるようにすることである。われわれは家を「内」と考え、街を「外」と考え、西欧人のような空間領域の統一がない。言いかえれば、「外」は外部であって、きれいにしたり整えるのは誰かよその人々がやってくれることでかかわりのないことであることを意味している。すなわち、われわれの都市空間は自分の「外」のかかわりのない空間領域であるから、家の中をきれいにしたり床の間に置物をおく日本人には、都市空間を整備したり広場に彫刻を置こうという考えかたは、生じにくいということができる。この西欧的内外空間の同視は、アルベルティ等にはじまるルネサンス以降の都市計画や街並みの整備をうながして、ヨーロッパに見られるような芸術的にも美しい都市をつくってきた。われわれ日本人は、ついに内外空間領域の同視が現在までできないまま、都市景観としてきわめて貧弱な街並みをつくってきたのである。もし、われわれも、より住みよい美しい都市空間をつくりたいと考えるならば、西欧の都市発達の歴史が示すような街造りの積極的な努力を積み重ねることが必要なのである。われわれは、ほんとうに都市計画的発想に不向きなのであった。今後、よりよい街並みを構成するためには、今まで述べてきた空間領域に関する意識革命がまさに必要であると考えられるのである。

2　壁の意義

建築における最も大切な境界は「壁」の存在であろう。壁は視覚的に視線をさえぎれば十分であるというものでなく、その存在のありかたによって質の高い内部空間をつくりだすことができるのである。壁の厚さは、力学的強度や、熱伝導率、遮音性能等の工学的理由によってのみ決定されるものではなく、人間存在の契機として質の高い内部空間の形成に関係が深いものと考えられる。新聞にこんな記事が載っていた。

そそっかしい大工が引越してきたばかりの長屋の壁へクギを打つ。クギが長すぎて壁をつき抜け、隣の家の仏壇へズブリ（落語『粗忽の釘』）――この話は、日本の家の壁がこんなに薄いことを知らないヨーロッパの人にはわかるまい。「日本にはそんなに長い何十センチものクギがあるのか」と言うだろう。

壁を自由に通り抜けられるという特殊な超能力を持った男がフランスにいた。ある日、壁の中へはいりこみ隣室に首だけ出して、日頃小言ばかりいう上役を驚かす（マルセル・エイメ『壁抜け男』）――こんどは日本人がわからない。壁を通り抜けるのは超能力としても、壁の中にはいりこむとはどういうことか。

ヨーロッパの住宅の壁はそれほど厚いのである。「ロンドン郊外の二戸連続建て住宅の戸境壁は厚さ七〇センチ。ドイツの住宅では内と外を隔てる外壁の厚さが四九センチ、部屋を区画する間仕切り壁で二四センチが標準。壁が占める面積が家の総面積の約二〇%もある。(3)」

この引用は、ヨーロッパの住いにおける壁の意義をきわめてよく表現していると同時に、わが国の住いにおいては壁の存在も、さらには壁の厚さについても、歴史的に見てきわめて配慮が少なかったことを意味していると考えられる。兼好法師が徒然草で述べているように、住いは仮りの宿りであり、その造りようは夏を旨とすべきである。すなわち、夏の通風のため南北に大きく開口し、自然と連帯し、春の若草、夏の夕涼み、秋の名月、冬の雪に親しむことを第一に考えるべきであるとされてきた。

ヨーロッパの住いにおいては、内部空間を限定する壁の意義はきわめて重要であり、この厚い壁によって生ずる庇護性によってはじめて家の存在を認めるのである。たとえば、O・F・ボルノーは実存主義的立場より「新しい庇護性」について述べている。彼はサン＝テグジュペリの『城砦』を引用する。「混沌とした世界のただ中、「砂漠」のただ中にあって、堅固な「わが家」に定住すること、そしてさらに、この家を築かれた「城砦」として、砂漠の威嚇的な攻撃に抗して絶えず新たに防禦すること、そうしたことが、人間にとってはどうしても必要である。この意味で、ここで主眼となっているのは、人間に、「それなしには自己を生かすことのできない、堅固な堤防を取りもどしてやること」である。なぜなら、堅固な堤防または囲壁は、囲われた領域を、境界のないものの攻撃から防禦するためには、どうしても必要だからである。[4]」ボルノーは、堅固な境界を強く主張し、人間が〈住むこと〉においてのみ、自己の本質の実現に到達することを繰り返し強調しているのである。また、「人間は本質上、〈住む者〉である。詳しく言えば、しっかりした場所にとどまり、そして、人為的に築かれた壁によって威嚇的な諸力からこの場所を護ろうと努めることによって、その場所に滞留することに順応する者である。人間はただ住むことによってのみ、存在する。……人間がこの根源的な意味で、ただ空間のなかに存在するだけでなく、空間、すなわち自分の運動の活動の余地、もっとも広い意味での生活空間をもつことによってのみ、人間は自分の存在を獲得するという意味で、人間は世界のなかに投げ出されているのである[5]」と述べて、ただ空間のなかに漂流するのではなくて、人為的に築かれた壁によって、その場所に住むことの実存主義的な意義を強調するのである。このような家の庇護性に関する実存主義的な記述は、木や竹や紙の家に住んできたわれわれ日本人にとってはなんとも奇異に聞こえるかもしれない。しかしながら、このことが人間存在の契機としての個の独立を意味し、家のありかたが同時に人間のありかたと深く関係することを思い知らせてくれるのである。

また、フランスの哲学者ガストン・バシュラールは嵐のただなかにある家が人間のように抵抗しているさまを叙述している。「家は勇敢にたたかっていた。それは初めのうちはなげいていた。このうえなく恐しい突風が四方からいちどきにおそってきた。……しかし家は頑強に抵抗した。……すでに人間的存在となっていたその存在はいささかも嵐に屈服しなかった。家は、まるで牝狼のように、わたしをつつむように身をちぢめた。そして時おりその匂いが母親の匂いのようにわたくしのこころのなかにまでしみこんでくるのを感じた。この夜、それはほんとうにわたしの母であった。……」(6)と述べて家が外敵と勇ましく戦うことにより、その存在を確認するのである。

わが国とヨーロッパの家に対するイメージの重要な差異は、境界としての「壁」の存在に関係している。外が寒く嵐が吹きまくっているのに内が平穏で暖かいというイメージの中には厚い壁が位置づけられているし、縁側の夕涼み、虫の鳴き声、中秋の名月というイメージの中には雨戸や障子のような可動的な開口部が位置づけられている。

壁の存在のしかたは、その地域の風土に強く支配されていることは勿論のことであるが、家をつくる材料や工法にも深い関わりがあるのである。家のつくりかたは、降雨量、積雪量、風速、日照、地震等の外的条件もさることながら、歴史的には温度と湿度、特に湿度に強く支配されていることが地理的分布から明らかである。フランスの気候学者マルトンヌの乾燥指数によれば、年の乾燥指数が二〇以上ならば湿潤地帯、二〇以下ならば乾燥地帯、一〇以下ならば砂漠地帯という。ヨーロッパの南部の一部を除く地帯も、わが国も、ともに年乾燥指数二〇以上の地帯であり、建築用木材の十分に生産されうる地帯である。それにもかかわらず、ヨーロッパの一部を除いては、石や煉瓦を積み上げる「組積造」(masonry construction)が都市住居の主流をなしたのに対し、わが国では木造の「軸組構造」(post and beam construction)が主流をなしてきた。このことが、住いの様式や、街並みの景観、さらには都市発展のパターンにまで大きく影響を与え、一見、近代的に見えるわが国の巨大都市においても、今日、その底流には木造住宅から発する諸〻の考えかたの制約を受けているのである。

わが国のように降雨量に恵まれた地域では常緑針葉樹林の生育に適し、特に、杉や檜は材質が美しい上に加工がしやすく強度も十分なので、造作材にも構造材にも使われている。杉の四方柾の柱や、檜の真去り材などを建築材として使う場合に、柱をそのまま露出して使う工法——和風建築の真髄ともいうべき「真壁造り」(図2)——によってきたことは、工匠のすぐれた技術もさることながら、木材がきわめて良質で美しいためであったといえよう。西洋の木造のように柱を単なる構造材として壁の中にかくしてしまう工法——いわゆる「大壁造り」(図3)——はわが国ではあまり発達しなかった。

和風住宅の場合、強度、製材、運搬のことからいって柱の適寸は一〇—一二センチ程度であり、もし「真壁造り」の工法によって和室をつくる場合は、壁も敷居・鴨居もすべて

図２　構造材を露出させる真壁造り

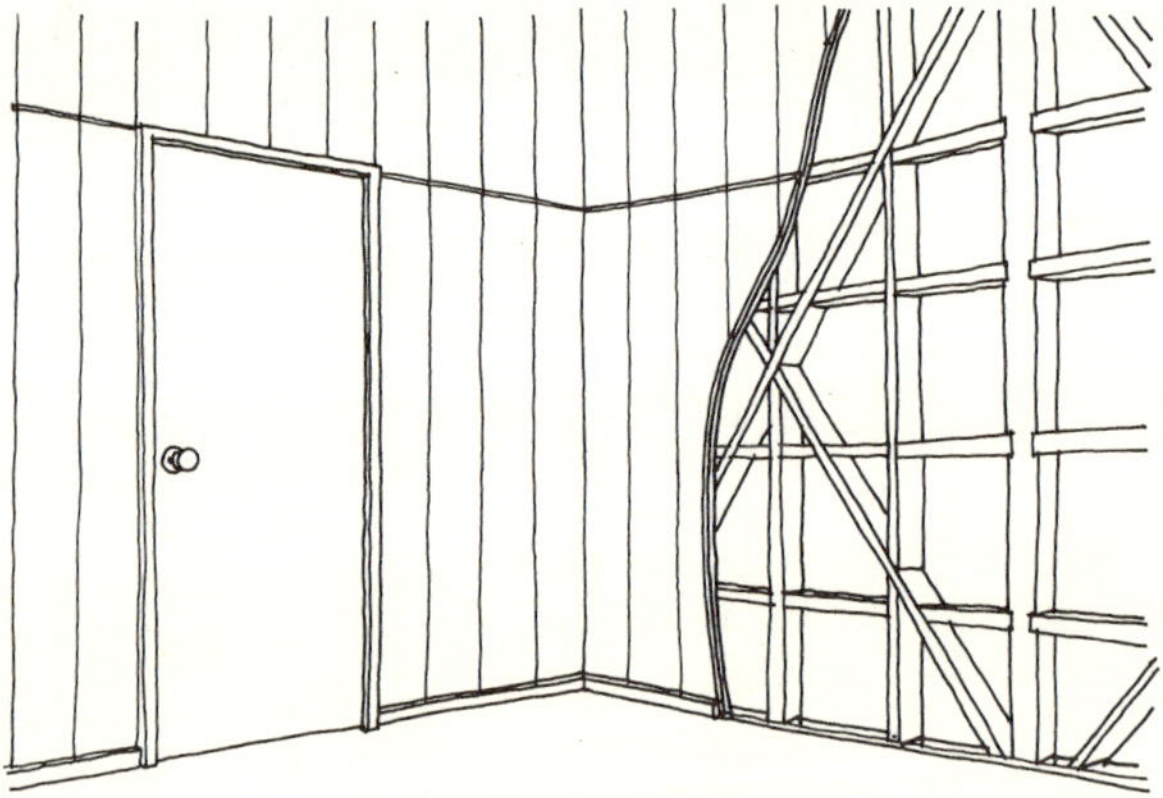

図３　構造材を壁の中にかくす大壁造り

柱の寸法より小さく納まることが、柱を構造体として露出させるための原理である。そして、柱よりとび出しているものは長押《なげし》と天井廻り縁ぐらいである。よって和風住宅の壁は一〇センチ程度より厚くすることはできない。西洋風の「大壁造り」の工法によれば、柱の外側に壁をつくるから、必要とあれば柱の断面寸法と関係なく壁を厚くすることができる。「真壁造り」では柱は前以てきめられている基準間隔によって規則正しく立てられる。その結果、柱と柱との間は大きな開口部となり、本質的には壁の存在を否定した空間構成である。フィリップ・ジョンソンの「ガラスの家」は、その意味で木造真壁造りと共通点のある鉄骨の家である(写真3・図4)。この家は洗面浴室等の中央コアー以外はすべて開放され、壁の存在を否定した流動空間の創造を目標にして、戦後のアメリカ近代建築の一時期を画した。

また「真壁造り」の家においては、建具はすべて柱と柱の間に納まっているため、障子も襖も厚さがせいぜい三センチ程度であり、軽く滑りのよいことが上等な普請であることを意味している。指一本でもするすると開けられる襖は、単に視覚的に見えないあるいは見ないという約束の上に成立した間仕切りであり、西欧で見られるような重々しく締まる個室の厚い堅牢な扉とは、本質的に異なるのである。

わが国の気候からいうと、夏は高温多湿であり、家のたたずまいとしては、第一に床下の通風が大切である。そのためにはこの軸組構造は最適であり、後に述べる石や煉瓦を積

写真3　フィリップ・ジョンソンの「ガラスの家」

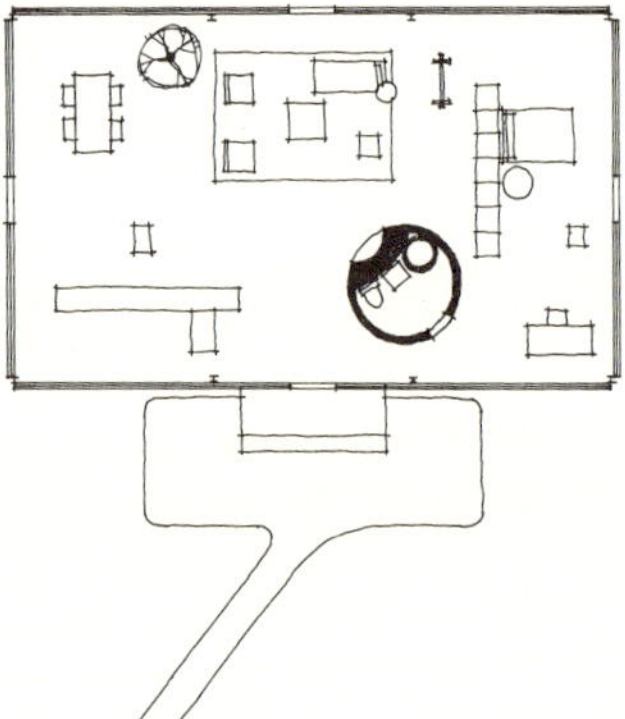

図4　フィリップ・ジョンソンの「ガラスの家」平面図

む組積造では、地面と接する部分を開けると上部の荷重が地面に伝えられなく家全体が崩壊するために不適当である。高温多湿の夏を凌ぐのには、冷房のない時代には自然の通風が第一であった。柱と柱との間は、本来大きな開口部であるため、この「真壁造り」は夏の生活に最適であった。春や秋は全く快適に過ごせるわが国では、冬の生活はどうであったろうか。石造や煉瓦造の家のように家全体の熱容量の大きいものに比べて、壁が薄く開口部の大きい和風住宅では熱容量がきわめて小さく、外の寒さは直ちに内の寒さに通ずる。このような熱容量の小さな家の内部を温めることは、外の自然を温めるほどに愚かなことであった。和風住宅では、火鉢、いろり、こたつのような直接暖房にたよって手を火鉢やいろりにあぶり、足をこたつで温めるような直接的な方法が一番賢明である。また、炊きたての御飯、たぎる味噌汁、熱燗の酒で体内より体を温め、厚着をしてその熱を失わないようにすることである。その点からいってわが国の伝統的な木造住宅は、保温に関しては全く無力であったといえよう。壁が薄く開口部が大きくすき間だらけの木造住宅では、とうてい、部屋全体を温めるようなアイデアは生れてこない。組積造のように壁が厚く窓が小さく家全体の熱容量が大きくて、断熱性のある構造体でないかぎり、部屋全体を温めることはできなかったろう。また、逆に熱容量の大きい石や煉瓦の家では、床や壁がいったん冷えはじめるとどんどん体熱を奪われる。部屋全体が温められて床や壁が温まってくれば、体熱を奪われることがなく冬を楽に過ごすことができる。

木造真壁造りは床下通風のある高床式家屋である。また、今述べたように熱容量のきわめて小さい家屋である。熱伝導率の小さい畳敷きの家屋では、靴をぬいで坐る生活や床面にじかに布団を敷いて寝るようなことが当然の帰結である。一方、西欧の組積造の家のように大地に接し熱伝導率の畳より大きい石だたみの床では、身体と床面を離すことが必要であり、靴をはいたままの椅子式の生活や、脚のある寝台に寝るような生活が当然の帰結であったと考えられる。また、わが国の畳は断熱性能に富むほかに吸湿性があるため、就寝中の布団の下に蓄積される水分を吸収できる。その点、石だたみは吸湿性がないから脚つきの寝台を使わないわけにはいかなかったとも言えるのである。

次に石造建築について考察してみよう。その歴史は遠く紀元前四千年以前に遡る。エジプトは良質の石材を豊富に産出し、また、石の加工に使う銅または青銅の道具を所有していた。しかしながら、エジプトの石造建築は神殿や墳墓等の記念建築のみで、住宅は今日でもそうであるように泥または日乾し煉瓦でつくられていた。ギゼーに建設されたピラミッドは大きな石のブロックを使ったもので、その後幾つかのピラミッドが建設されたが、エジプト建築は衰退に向い、その優れた技術は東地中海に拡がっていった。ギリシャ人の石造技術はきわめて優れたものであって、その最高傑作はアテネのアクロポリスの丘の上にある建築群であろう。これもエジプトの石造建築のように巨石を使ったものであるが、石と石との精巧な結合に卓越していた。エーゲ海に浮かぶギリシャの島々や、南イタリアやシチリアにも、美しい石造建築が枚挙にいとまのないほど沢山現存している。煉瓦造建築の歴史もまた古く、バビロニア人やアッシリア人は、煉瓦工事の技術水準はきわめて高かったといわれる。現在に至るまで、ヨーロッパ建築の主流はなんといってもこの煉瓦造であったといっても過言ではないであろう。

石造や煉瓦造のような組積造の原理は、自立する重力壁による構造で、圧縮力には耐えるが、引張力や剪断力には弱いのである。ピラミッドの造形が端的に示すように、石や煉瓦の重量を大地に伝えるためには、壁は下部へいくほど上部構造の重量を受けるから厚くする必要がある。組積造では壁を高く積むほど壁が厚くなるのである。前述したように、西欧の壁の厚さはわが国の木造真壁造りとは反対に、壁は厚くなるという工法的宿命をもっていた。言いかえれば、厚い壁がなければ床や屋根を支えて家をつくることができなかったということである。

また、組積造では、壁体に窓や出入口のような穴をあけるのには特別の工夫が必要である。一つの方法は、大きな石の水平材――楣《まぐさ》(リンテル)を開口部の上において、その上部の重量を受けとめる方法、いま一つは、ローマ人の発明した最も卓越したアーチ工法――上部の重量をお互いにせりもたせる工法――によるのである(図5・写真4)。いずれの方法によるにしても、組積造では開口部がないことが本来の姿であって、たとえ、穴をあけるにしても縦長の小さい窓を数少なくあけて、壁の構造を傷めないことが何より大切である。

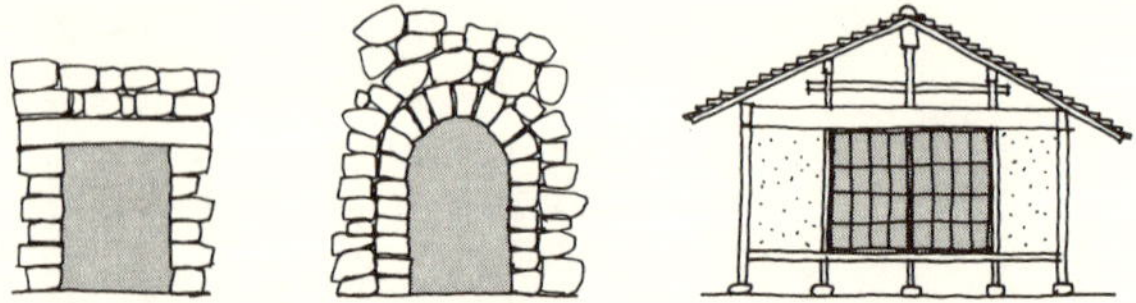

図5　建築の基本構造

言いかえれば、窓や出入口は厚い重い壁からくりぬいたものである。それにひきかえ、木造真壁造では細い柱の部分以外は全部窓や出入口にすることができるが、必要な遮蔽のため、柱と柱の間をいかにうめて壁をつくるかを考えるものである。まさに壁と窓との関係についていえば(−)側と(+)側のように正反対の概念に基づいた工法である。別な言葉でいえば、組積造では壁体が主役であり、窓や出入口のような開口部は脇役である。軸組構造では開口部が空間構成の主役であり、それを支える柱梁は脇役である(写真5)。石や煉瓦の壁は厚いのみならず重さもある。遮音性は壁体の重さに正比例するから、薄くて軽い材料の壁よりも厚くて重い材料の壁は外界からの音を完全に遮断する。小さい窓、厚くて重い壁は、いかに住む人に強い庇護性を与えるものであるのかが了解されると思う。

それでは、わが国にこのような組積造が何故発達しなかったのであろうか。まず第一にはわが国の気候条件である夏期の湿度である。クリモグラフ(climograph)(図6)を比較してみれば明瞭であるように、組積造建築の発達した地方は、わが国や東南アジア

写真４　アーチ工法をつかった組積造

写真5　柱，梁の構成による軸組構造

表1　各地の月別平均温度及び湿度

地名＼月別	1月	2月	3月	4月	5月	6月	7月	8月	9月	10月	11月	12月
東京	4.1 57	4.8 57	7.9 61	13.5 66	18.0 71	21.3 77	25.2 79	26.7 77	23.0 77	16.9 74	11.7 68	6.6 62
サイゴン	25.8 71	26.3 70	27.8 70	28.8 72	28.2 79	27.4 83	27.1 83	27.1 84	26.7 85	26.5 85	26.1 81	25.7 77
テヘラン	3.5 67	5.2 56	10.2 48	15.4 43	21.2 31	26.1 26	29.5 25	28.4 24	24.6 26	18.3 32	10.6 44	4.9 65
アテネ	9.3 74	9.9 70	11.3 67	15.3 63	20.0 59	24.6 53	27.6 47	27.4 47	23.5 56	19.0 67	14.7 73	11.0 75

〔注〕 上段は月別平均温度．下段は月別平均湿度の百分比．
〔資料〕『理科年表』昭和53年度版より．

と異なり夏期に乾燥する。組積造の発達には夏期の乾燥が絶対必要条件である。前述のグワディックスの洞窟住居は現在も十分に利用されているし、中に入ってみると猛暑のスペインの夏を忘れさせるような乾燥した涼しさである。ここでは通風は禁物である。通風すれば外から熱い風が入ってきて、折角の室内の涼しさを損うからである。近代的な家具や電気器具の置かれた洞窟住居は、冷房の発達しない前からの人類の知恵であろうが、わが国のような高温多湿の気候条件では、とうてい考えつくことはできない。わが国の住いでは、前述したように、室内を風が吹き抜けることによってのみ高温多湿を防げる。人体の廻りにある高湿度の空気を除くこと、手軽には団扇《うちわ》や扇子によって通風をはかることがわが国の伝統的な知恵であった。そんな地理的条件でもし組積造をやれば、冬は熱容量が大きいため底冷えするし、夏は結露とかびに悩まされたことであろう。

現在でも中近東やアフリカ等の乾燥地帯の一部では、

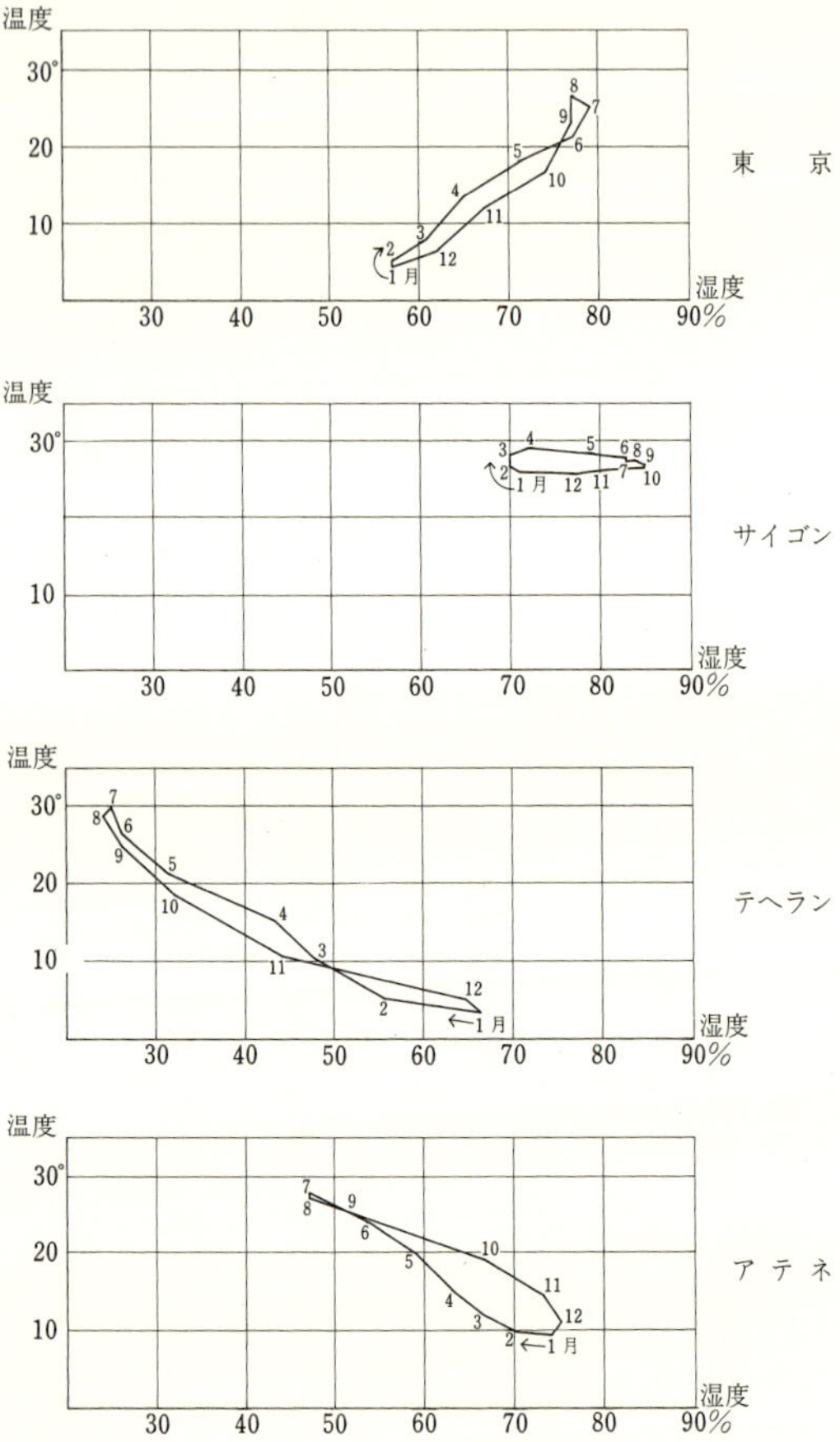

図6　各地のクリモグラフ(表1より作製)

泥壁、または日乾し煉瓦を使って住いをつくっている。泥や日乾し煉瓦のようなぼろぼろに壊れやすい材料で屋根をつくることはできないから、壁の上に木で編んだ枠組をのせ、むしろのようなアンペラを敷いて、その上に泥をのせている。イラン等では、結構、地震が発生するので、ある地方の全戸が崩壊し住民は屋根や壁の泥の中に生き埋めになることが現在でもしばしばあるのである。その点、木造建築は耐震性に富む。接合部が適当に動いて地震力を吸収し、現在、超高層理論でいわれている柔構造と一致している。五重塔のような建築を石や煉瓦の組積造でつくることはできない。中心の心棒が下部で固定されていない工法などは組積造では考えられないほど木構造の妙意をついている。組積造がどれも地震に弱いのに対し、木造が地震に強いことも、わが国で木造の発達した強い理由の一つであろう。また、わが国のように降雨量の多い地方ではどうしても傾斜屋根が必要である。組積造で傾斜屋根をつくることはきわめて困難であるが、木造ではたやすく傾斜屋根をつくることができる。また雨が降れば木材は生産されやすくなる。これらの要因はわが国の木造建築を発達させた理由といえる。

以上述べた通り、湿度や降雨量というような気候条件や、入手できる建築資材の種類というようなことから、それぞれ異なった住居の形式が発達してきた。わが国のような湿潤地帯では「壁」を否定するような方向で、西欧の乾燥地帯では「壁」を肯定するような方向で、住いと人間との係わり合いが歴史的に続いてきた。そして今日のような鉄骨や鉄筋コンクリートの近代建築をつくれるような工業化の時代にも、この事実は底流として存在し、その街並みの形式にも強い影響があることを否定することはできないのである。

3　都市の囲い

さて、建築における「境界」の存在について述べてきたが、都市においても「境界」が強く存在しているものと、していないものとがあることに触れてみたい。

今から二十数年前、はじめてイタリアはトスカナ地方のアッシジやサンジミニャーノのような城壁に取り囲まれた中世都市を訪ねた時、あの広々とした丘の上の自然の中に、営々と人間が築いた石の重々しい城壁の威容に心を打たれると同時に、何故このような城壁が必要であったのかについて、深い関心をよびおこされた。建築家にとっては、このような中世都市はあたかも大きな一軒の建築のようであった。「チェントロ・チッタ」という都心を示す道標に導かれながら、丘の上にそびえる石の塊りのようなサンジミニャーノの街に近づくと、十数本の石造の塔が遠望できる。やっとこの街の前に出ると数メートルの城壁は高々とそびえ、住宅の玄関とでもいうべき城門があって、その入口を通って街に入るのである(写真6)。この街には三カ所程度の出入口しかなく、ちょうど住宅の表玄関、裏玄関、勝手口のようなたたずまいである。その城門を入ると細いくねくねした街路が中

写真 6　サンジミニャーノの城壁入口

心部に向ってつながっている。道路の両側は石の建築ががっしりと並び、道の上部の空間の割れ目から、時々、この街の象徴とも言われている石の塔が見え隠れする。住宅で言えば廊下とでもいうべきこの道路を行き詰めると、あたりはぱっと明るくなり、広場に出る。これが、チステルナ広場(Piazza della Cisterna)(図7・写真7)と、ドゥオモ広場(Piazza del Duomo)である。教会と井戸を取り囲んだこの広場には、不思議なことには樹木がなく、この広場を規定している周辺の石造建築の脚もとまでしっかりした石の舗装がなされている。イタリア人は世界でも最も広いリビング・ルームをもっているといわれているように、この広場は街の人々の住いにおけるリビング・ルームの延長である。人々は一日何回となくこの広場に出て、語ったり休んだり子供を遊ばせたりするのみならず、日曜の礼拝には街の社交場ともなるのである。

このような城壁に囲まれた一軒の建築ともいうべき都市の内部に繰り広げられた見慣れない街並みは、われわれ日本人にとっては異質のものであろう。「境界」を意識して境界から内部に向って求心的に秩序を整えていくこれらの都市と、「境界」を意識しないで外部に向って遠心的にアーバン・スプロールしていくわが国の都市と、都市の空間秩序を創造していく際に二つの異なった方向があるのではないかと思い至るのである。その後、プーリア地方のアルベロベロ、ロコロトンド、マルティナ・フランカ、チステルニーノのようなイタリア南部の小さな街々やエーゲ海に浮かぶギリシャの島々——イドラ、パトモス、

写真7　サンジミニャーノ，チステルナ広場

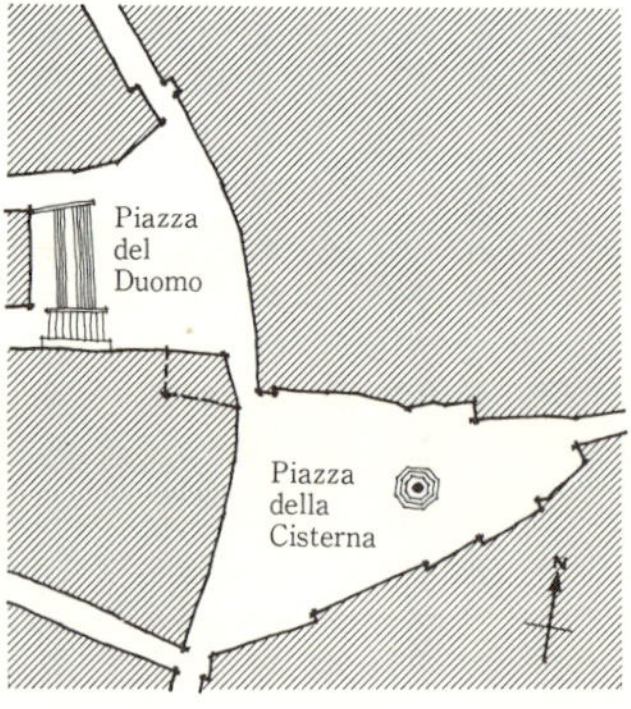

図7　サンジミニャーノ，
チステルナ広場平面図

ミコノス、サントリーニなど――の地中海低層集合住宅群を見るにつけ、「境界」から中心に向って求心的に秩序づけられたこれらの街々には、貧しいながらも思いがけない街並みの変化とバランスがあり、わが国の家の中にあるような「内的秩序」が城壁内の街の中にあることを知らされたのである。曲りくねった道沿いに真白に塗られた石造建築が真青な空や海を背景に建ち並び、小さな外部空間がその間に或いは高く或いは低く次々と展開し、そこには高度工業化社会に住む二十世紀の人々が忘れかけている人間性、自然とのスキンシップがあって強く人々の心に訴えかけるのである。

何故に、わが国には「城壁」によって囲まれた都市が成立しなくて、世界の他の地方に成立したのか、きわめて興味のある点であろう。それは、また、建築における「壁」の存在の意義やこれを肯定する方向なのか、否定する方向なのかにも深く関係すると思うのである。

さて、このような城壁に取り囲まれた都市を、木内信蔵や矢守一彦にならって「囲郭都市」と呼ぶことにしよう。われわれ日本人にとっては聞き慣れない言葉であり、また実際の生活体験をもつ人々も少ないのではないかと思われる。木内信蔵の『都市地理学研究』によると、この囲郭都市の分布は乾燥地周辺地域を中心とすると述べられている。このことは学問的には研究の余地があるのかもしれないが、直観的には乾燥地帯と囲郭とはどうしても切っても切れない関係があるのではないかと思われるのである。

和辻哲郎は、ヴィダル・ド・ラ・ブラーシュの『人文地理学原理』やルシアン・フェーヴルの『大地と人類の進化』等のフランスの人文地理学については知らなかったことを、その著書『風土』の巻末に書いている。そして、「もし当時自分がそれらの書に親しむことができたのであったら、風土学の歴史的考察はよほど違ったものになったろうと思われる」と述べている。鈴木秀夫は、その後の著作である『倫理学』下巻よりも『風土』の方がより魅力に富むのは彼の優れた直感力によるものと思われると述べて[7]、直感力の大切なことに触れているが、きわめて同感である。

乾燥の生活は「渇き」である。すなわち水を求むる生活である。……一つの井戸が他の部族の手に落つることは、自らの部族の生を危うくする。……沙漠的人間の構造は右のごとき二重の意味において対抗的戦闘的である[8]。

乾燥地帯の歴史は、確かに戦闘の歴史であったのであろう。また、人間は自然の恵みを待つのではなく、自然の中からわずかな獲物を闘いとるのみである。そして自然への対抗は、和辻哲郎が述べるように、直ちに他の人間世界への対抗と結びつく。このような戦闘的生活様式は、また、部族の団結をうながす。防禦と団結とをもたらすものは内と外とを区画する「境界線」であり、城壁であり、囲郭都市であった。だいたいにおいて都市囲郭の目的は「外敵」への防禦とその内部に連帯の空間を画定することにあったといわれている。L・マンフォードは、中世の都市においては「城壁が軍事防衛のために存在し、都市の主要路は主な城門への勢揃いに好都合なように計画されていたにせよ、城壁の心理的重要性を忘却してはならない。つまり誰でも都市のなかにいるか、外にいるかのどちらかであり、都市に属していたか、属していないかのどちらかであった。都市の城門が日暮れに閉ざされ、落し格子が下されれば、都市は外界から絶縁した。そして城門は船でのように、住民の間に一致和合の感情を生みだすのを助長した(9)」と述べてこの間の事情をよく伝えてくれる。

中近東の砂漠地帯の建築家から聞いたところによると、住民は砂漠の中でも方向感覚と距離感に恵まれているという。十歳になった男子は独り砂漠の中に捨てられ、無事に帰りついた者のみは立派に成人させたというような過去の厳しい修練は、遊牧の民ベドウィンにとっては生活の知恵であったのにちがいない。石油資源によってかちえた富は、ここの住民に遊牧から定着へと生活環境の一大変化をもたらしつつある。豪族や首長は広大な土地を砂漠の中に画する。彼らにとって第一の仕事は、見渡す限り続く砂原の中に「境界」のブロック塀をつくることである。その理由には、敷地境界をはっきりさせて他人の侵入を防いだり、時として吹きまくる砂嵐を防いだりする機能的理由は勿論のことであるが、それより何より定着する彼らには境界がないと不安で暮らせないという民族としての精神構造があるという。サン＝テグジュペリの『城砦』にもある通り、砂漠のただ中にあって砂漠の威嚇的な攻撃に抵抗して防禦するためには、家を築かれた「城砦」とすることがどうしても必要なのである。わが国のように山や川、樹木や草々の緑や色とりどりの花々に恵まれた自然の中に包まれて育った民族にとっては、人生到る所に青山あってこの砂漠的な精神的不安感というものは理解しがたいように思われる。

囲郭都市においては街ぐるみが城砦である。部族と部族との戦いは、女にも子供にも容赦はない。さらには家畜に至るまで城壁の中である。わが国の城下町と比較してみるとまことに興味深い。武家屋敷は城の外にあり、住民は完全に城の外である。このような都市の形態では、とうてい砂漠的人間は一日として安心して暮らせないにちがいない。これを図式に例示すれば(図8)、城の部分と市街地の部分の位置が逆転していることに気がつく。前述した、落語『粗忽の釘』と、マルセル・エイメ『壁抜け男』のたとえ話のように、わが国の城のたたずまいは乾燥地帯の住民にとっては、あまりにも非現実的であり、お伽噺のフィクションであろう。温帯湿潤地帯に住む日本人にとっては、城砦都市は同様に非現実的であり、その必要性については理解に苦しむところであろう。

それでは、囲郭都市の城壁の内部に繰り広げられている街並みはどのようなものであったであろうか。都市発達史の立場からでなく、アーバン・デザインの立場から推察してみよう。チステルニーノはイタリア南部プーリア地方の小さな都市で、私自身何度か訪ねたことがあり、またこよなく好きな小都市であるが、ここの囲郭都市を例にとって少しく観察してみたい。チステルニーノの歴史は八世紀に遡るようであるが、城壁がつくられたの

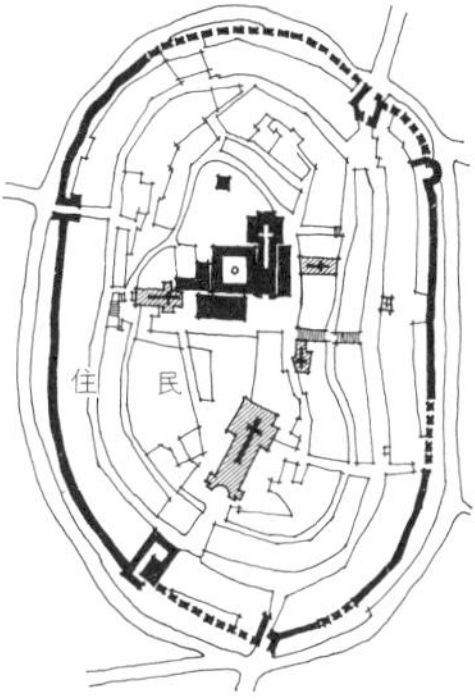

ヨーロッパの中世都市
(『世界建築全集 7　西洋 II　中世』より)

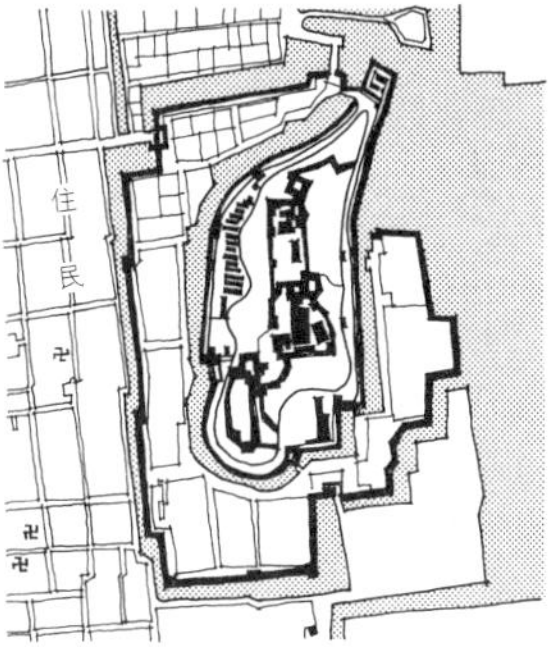

わが国の城下町
(日本建築学会編『日本建築史図集』より)

ヨーロッパの中世都市のダイアグラム

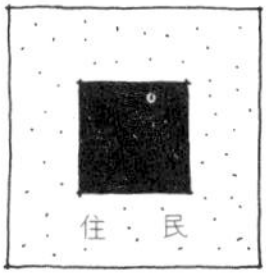

わが国の城下町のダイアグラム

図 8　ヨーロッパ中世の囲郭都市とわが国の城下町

は十三世紀といわれ、十五世紀には城壁は再建されて本格化された。そして四隅に塔が、また、正面の城門が建設された。城壁が建設される前は、簡単な木造家屋の立ち並んだ原始的な街であったようである。しかしながら、城壁が建設されてからは、このあたりで簡単に採れる石灰岩による組積造が採用された。木材はこのあたりで採れないというわけではないが主として屋根の架構にのみ使われ、あとは、石灰岩から石の接着に用いられたモルタルをつくるのに必要な燃料として用いられ、建築の主体はほとんど石造であったと言える。中世の街造りの順序を詳細に追うことは困難ではあるが、少ない資料から推察してみよう。まず大切なことは城壁ができてからは城壁の内部には木造の建築物はつくられず、石造に変ったという事実である。そして街を造ってゆくにあたって常にこの城壁から外に出られないという境界の存在が強く作用していたと言える。当初は一階建の家が多く、その後の人口増加に対応して、二階、三階を増築してゆく。この点が石造の特質である。その場合、二階や三階の玄関に到達するための屋外階段がつくられ、それがこの街の特色をなしているし、またこの屋外階段の美しさが街の誇りであるとも言われている。道路の上にもアーチやヴォールトをかけて家を増築する。その結果、城壁の内部には、まるで一軒の大きな家のような「内的秩序」のある街ができあがる。市民の意識としては、自分達の家も城壁の内側の街の空間も等しく、自分達の空間である。この意識を日本人的に翻訳すれば、城壁の内側の街は、足袋はだしで歩けるような、大きな屋敷のような「内的秩序」の街である。イタリア人はここを靴をはいて屋外も屋内も歩く。家と街との空間を同視する点では変わりがないことは、和辻哲郎が『風土』で指摘したとおりである。この点が、境界が存在しなくてただ発散的にスプロールしながら造られていく街並みと異なるのである。わが国の街道沿いに増殖していったいわゆる路線型の村落には、その発展の途上、城壁のような求心性のある境界が存在していなかったのである。

さて、人間が安心して生活してゆくためにはどうしても空間における「境界」の存在が必要である。しからば、薄い壁の家に住み都市集落的にも「囲郭」のないわれわれ日本人にとっては、一体、何がこの「境界」の役目を果たしてくれているのであろうか。

これは私自身の推測であるが、わが国が地理的に大陸から遊離した島国であり、周囲には大海があって簡単には交通ができなかった事実、一般的に同質同文の民族が住みついている事実等から判断して、われわれの深層心理における「境界」は、国土をとりまく海洋であったのではないかと考えられる。乾燥地帯の人々は、営々と自分達の力で城壁を築いたのに対し、われわれの場合は海洋という地理的な城壁であって、われわれがつくったという意識の絶無な「境界」であるという点に思い至らせられるのである。陸続きの大陸に住みつく異教徒、異民族にとっては、海の外を意味する海外とか外国という言葉はあまり意味がない。海外よりわが国を見ると日本は海に囲まれた島の上に存在する統一的な大集団として眼にうつるようである。確かに、外国人の日本観はこの境界意識の差異に源を発していると考えられる。

しかしながら、わが国においてもこのような「境界」の意識は戦後三十年にして混乱に陥らんとしていることも忘れられない。また、国の外には、風土、歴史、宗教の異なる生活に永年育てられてきたさまざまな民族が生活していることも忘れられない。わが国でも、戦後初めて家族主義が崩壊しはじめ、個人の尊厳を尊びひとりひとりが心の城壁をめぐらして新しい「境界」の創造に挑まねばならない時代が到来しつつあると考えられる。

家族の内部や組織の内部から反対の意見や異なった行動が出ることは、われわれにとって伝統的に耐えがたいことであった。「境界」の内部には、異なる意見や反対の行動といったことはあり得なかった。もしほんとうに反対するならば、この「境界」の外へ出なければならなかったという環境が崩壊しつつある事実に耳をふさぐことはできない。ここに新しい「境界」の設定が必要であると同時に、建築的には個人個人が独立できる新しい住いの形式をつくりだすことが必要であることを痛切に感じるのである。

Ⅰ　引用文献

(1) 和辻哲郎『風土』岩波書店、一四四頁。
(2) 和辻哲郎、同書、一四六頁。
(3) 朝日新聞、昭和四十九年六月九日、「三八億人　すみか――壁の厚さ」。
(4) O・F・ボルノー著、須田秀幸訳『実存主義克服の問題』未来社、一九八頁。
(5) O・F・ボルノー、同書、二〇二頁。
(6) G・バシュラール著、岩村行雄訳『空間の詩学』思潮社、八〇頁。
(7) 鈴木秀夫『風土の構造』大明堂、九頁。
(8) 和辻哲郎、前掲書、四九頁。
(9) L・マンフォード著、生田勉訳『都市の文化』鹿島出版会、五二頁。

II　街並みの構成

1　街路と建築との関係

都市の形成にあたり、街路にその重要な意義を見出しそれに強い愛情を感じてきたのは、主としてラテン系の民族であり、アングロ＝サクソン系はそれにつぎ、わが国は最も遅れをとってきたといえよう。特にイタリア人にとっては街路は、彼らの生活の一部であり、単に交通のためのみならずコミュニティーとして存在した。ボローニャの柱廊(ポルティコ)は気候上有用であるが、それにもまして生活習慣の上からきわめて重要であることを、B・ルドフスキーは次のように述べている。「コロネードの下を一日中往き来しているボローニャ市民は、それでも一日二回毎日の習慣となっている、ドームの向いのポルティコ・デル・パヴァリオーネの下の儀式的な散歩を欠かそうなどとは決して思いもしないだろう。正午および夕暮時に、たくさんの人びとがこの町で最大の都市の廊下をぐるぐる歩きまわるのだが、その時友達にまったく出会わないことなど不可能だといえる。……」と。(1)確かに、イタリア人にとっては街路は生活の一部であり、愛着のあらわれであった。それに対しイギリス人は街路についてはそれほどでもなかったことを、B・ルドフスキーは続けている。「確かに、イギリスは都市社会のモデルとしては望ましいものではない。彼らほど田園生活に熱烈に執着した国民はないのだから。それにはもっともな理由があった。というのは、彼らの都市は伝統的にヨーロッパでもっとも不健全なものだったのだ。イギリス人は町に対してはたいへん忠節を尽すかもしれない。しかし街路——これこそアーバニティーの目安である——に対してはさしたる愛着を示さない。彼らは好んでパブの微酔い気分の雰囲気の中へ避難する。テニスン卿が「我厭うなり広場や街路を、そこにて出会う顔もまたしかり」と詠む時、それは多くのイギリス人を代弁しているのだ。……」と。(2)

このことは、街路のみならず都市のオープン・スペースとして、イタリア人は人々の出会いの場としての人為的な広場——「ピアッツァ」——をつくってきたし、イギリス人は人々の出会わない休息の場としての自然的な公園——「パーク」——をつくってきたことでも明らかであろう。わが国の都市では、歴史的に見て、イタリアの広場やイギリスの公園のような外部空間には一般的には無関心であり、芸術的に優れた室内空間はあっても公共的に優れた街路空間やオープン・スペースを芸術的につくるという意図は少なく、また立ち遅れており、現在でも外国のそれらに比べれば著しく見劣りのするものであると言えよう。

世界を旅してその国の都市をはじめて訪ねるとき、旅人が最初に手に入れるものはその街の地図であろう。地図には道路や広場の名称が精細に書かれている。「ある都市を思うとき、最初に心に浮かぶものは街路である。街路が面白ければ都市も面白く、街路が退屈であれば都市も退屈である」とジェーン・ジェコブスも述べているように(3)、街路は旅人にとってその都市の価値を判断するバロメーターである。街路はその幅員や内容に従って各国の呼び名がある。大通りは、コルソ、ブルヴァール、アヴェニュー、ランブラ、エスプラナード……普通の通りは、ヴィア、リュー、ストリート、シュトラーセ、パセオ、カッツ、ガッセ……等々、フランス語でリュー何々とか、イタリア語でヴィア何々と、その特有の柔らかい抑揚で発音されるとき、旅人にとってその街路の印象が甦り旅情をかきたてる。街路の名称はそれほど重要であり、その生活と切り離すことはできないのである。

わが国では、古くは、計画的でしかも呼び名も快い街路名をもっている京都や、新しくは、方位と番号を組み合せたニュー・ヨーク方式の札幌のような貴重な都市は別として、大抵の都市ではまず第一に街路に名前がない。もしあるとしても、駅前のすずらん通り、桜通り、狸小路のたぐいであって、商業的呼び名である。名称のない街路は、父親のわからない赤児のように、都市の私生児か捨て子のようである。また、諸外国によくあるように、その国の元首や将軍や大政治家の名を街路につけることは、わが国では特に厭われていると考えられる。

また、自動車を自分で運転する人々は、スピード制限や駐車禁止の道路標識はふんだんに取り付けてあるのにもかかわらず、道路の名前を示す標識のきわめて少ないのを痛感しておられることであろう。例えば東京で幹線道路を進行して環状道路と交叉するとき、用賀、荻窪のような地名だけを示していて、それが「環七」であるとか「環八」であるとかは示していない場合が多い。起点・終点がはっきりせず、用賀や荻窪はその道路の途中にある地名で目的地でない場合は、諸外国でやっているように、行先でなくルート名を示すことが肝要である。それに対して地下鉄のように起点・終点のはっきりしているものでは、線名を示すよりは、行先の起点・終点を示すほうが便利である。東京では道路の場合とは逆に線名を呼称している。ところが最近では線が急増してとても覚えきれなくなってきた。いわく、銀座線、丸の内線、日比谷線、東西線、千代田線、有楽町線、半蔵門線、都営浅草線、都営三田線……。これこそは、線名で呼ぶよりは起点・終点で呼ぶべきである。いわく、渋谷・浅草線、荻窪・池袋線、中目黒・北千住線等々……。ちょうどパリのメトロのように、PONT DE NEUILLY↔CHÂTEAU DE VINCENNESとかPORTE D'ORLÉANS↔PORTE DE CLIGNANCOURTとはっきり起点・終点を示して、線名で呼称しないことが肝要である。どうも、わが国の道路や地下鉄の方向感覚というものは諸外国とは逆のようである。

街路に名称がなくて住所を表示するのには或る地域に町名をつける方法によらざるをえない。地域に名称をつけることは街路とはまったく無関係であり、わが国の住居表示の方法には、京都や札幌のような都市は別として、街路という概念は存在していないということができる。このことは、わが国の都市の成立は基本的に田圃とあぜ道との関係にあり、人が歩いて道となるという自然発生的村落形態の延長である。営々と石を積み上げて城壁をつくり、水道橋を建造して飲料水を遥か谷越えに導き、都市の成立を宣言する西欧の都市の成立とは本質的に異なるのである。ギリシャの都市は今井登志喜の『都市発達史研究』によれば、「漸次村落から発達したものでなくして、いわゆるシノイキスモス(synoikismos)という事を行って、一時に急激に城壁をめぐらす都市を建設するに至ったものである。しかしてこのシノイキスモス即ち都市建設を起すに至った事情については、伝説においては必ずしも明瞭でないが、村落の人民が急激に集住して都市を発生せしめた主要な原因としてイェリングのいうごとき共同防禦の必要という事が考えられるであろう(4)」のである。また、和辻哲郎が述べているように、「自覚的に都市をつくるという経験を伝統的に背負っている国民、——数十人あるいは数百人の人々がある新しい土地にたどりつくと、まだ住宅さえもないその場所で、まず市会を形成し、市長や参事会員を選び、党派的関係のない人(時には本国から付けられて来た官吏)を裁判官として、ここに一つの都市が建設されたことを宣言する、というやり方を常識的に心得ている国民、——(5)」と、われわれ日本人のように、自然発生的な農業村落の延長としての都市に住み、都市ぐるみ、親も子供もともども共同防禦に従事するような経験をもたずに生きてきた者とは、都市や街路のありかたに対して基本的理念が異なっていると考えられるのである。

さて、都市空間において、街路と建築との関係はどのようになっているのかを研究してみたい。わが国の現行法規によれば、一団地の認定を受けているもの以外は、建築の敷地は道路に直接面していなければならないのが原則である。そこで、敷地が道路に接する幅数メートルの地面がどのような空間意識のもとに魅力的に維持整備されているかが、街並みの構成や表情と深いかかわりがあるのである。

かつて私は、シドニーのローズ・ベイ(Rose Bay)という海岸沿いの美しい住宅地に住んでいたことがある。このあたりには平家かせいぜい二階建の独立家屋が点在し、家の玄関と道路との間にはいわゆる前庭があり、そこには手入れのよくゆきとどいた芝生や、赤や黄に咲きみだれる草花が植えてある。この前庭は、この家に住む人のためにあるというよりは、この道路を歩く人々のためにあるといった方が適切である。その何よりの証拠には、家の中からはその前庭がほとんど見えないかわり、道路からはとてもよく見えて、このあたりの住宅地の環境の美化に貢献している。また、町内で道路沿いの前庭のコンテストがあり、よく手入れがゆきとどいた美しい庭には賞が与えられるので、家人は競って道路と家との間の空間を整備しようとするのである。また、アメリカのニュー・イングランド地方や、ハワイのワイキキの浜辺からダイアモンド・ヘッドの先にあるカハラ・アヴェニュー周辺の住宅地を歩いてみると、広い歩道から美しい芝生がはじまり、家と道との間には美しい花が咲いている。敷地の大きさは一〇〇〇平方メートル(約三〇〇坪)以上のものが多く、道路の幅員もわが国の住宅地の数倍もある。道路においてあるアメリカ製大型車がそれほど大きく見えないのは、道路がいかに広いのかを示している(写真8・図9)。

それにひきかえ、わが国の大都市の住宅地においては、その前庭にあたる空間はきわめて珍しく、開口部の大きい木造住宅では、プライヴァシーと安全を保つためにどうしても道路と敷地の間に塀を立てたくなる場合が多い。その際、庭は北入りの敷地では、南側に位置し、道路からは見えにくいし、南入りの敷地の場合は、南側の居間や寝室の開口部がのぞかれないように塀を立てるので、たとえ庭があっても、北入りの場合と同様に道路から見えないというのが実情である。

それでは、前者の前庭とわが国の住宅における庭は空間領域的に見るとどのような相違があるであろうか。前者も後者も敷地は当然居住者に属するものと仮定しても、意識の上では、前者においてはその前庭は住いという私的な内的秩序の空間に属するというよりは、公共的な外的秩序に属する。言い直せば、前庭は街路の一部であるという方が適切であるのに対し、わが国の場合は、庭はその個人の私的な内的秩序の一部であり、公共的な外的秩序との間には塀という境界が存在していて、街並みの構成には貢献していないたたずまいをしていると言える。このような理由から、わが国の住宅地の街並みは、いわゆる高級住宅地の場合でも、西欧の塀のない住宅地のような美しい雰囲気とはなりえない宿命をもっている。どだい無表情な塀に囲まれた街路だけでは、街並みの美化など及びもつかない

写真8　アメリカ郊外の住宅地

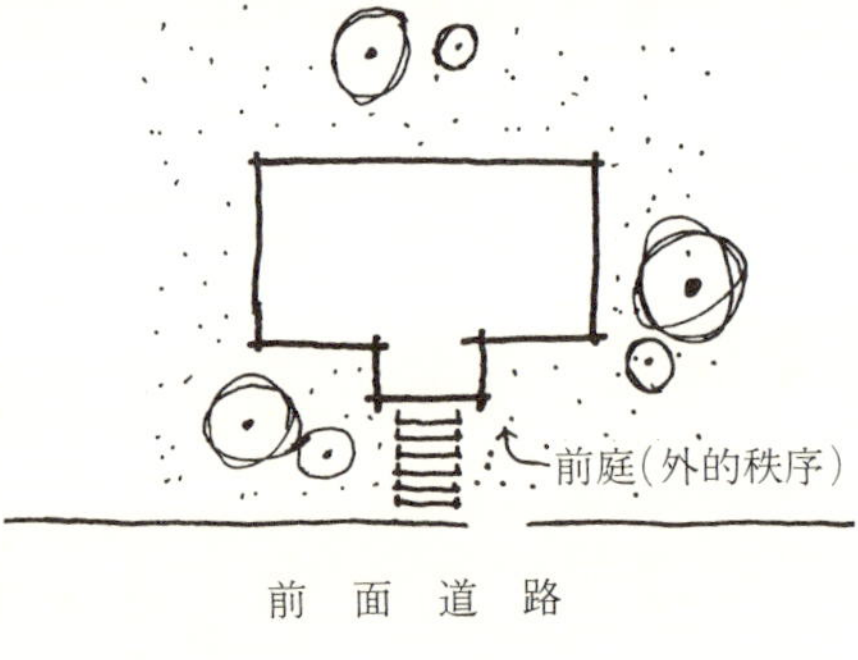

図9　アメリカ郊外の住宅地　西欧の塀のない住宅では，前庭は住いの一部というより道路の一部で，外的秩序に属する．

(写真9・図10)。前述したように、道路沿いの数メートルの敷地の在り方が重要なのである。勿論、道路より塀を後退させて緑化するとか、塀を生垣や気のきいた柵にするとか、幾分の工夫もあろう。住宅地において塀を取り除くためには、第一に家の建っていない地面は、たとえ自己の所有であっても公共的外的秩序の一部であると考えるような意識革命が必要であり、第二には具体的にプライヴァシーを保って生活するため、敷地が最低六〇〇平方メートル以上必要であるということである。これは一般的に言って、わが国の現実から考えて容易なことではない。

さて次に、今まで述べてきた街並みとは本質的に異なる例をあげてみよう。ギリシャやイタリアに行くと、住宅といえども石造のような組積造がその主流である。このような建築は街路にじかに面して建っているから、前庭のようなものが全然ない。否、石造建築が建った残りの地面が全部舗装された街路として使われているといった方が正確な描写かもしれない(写真10・図11)。それほどに街路は建築の形に左右されて、或いは広くなったり、狭くなったり、自由な角度に曲ったり、適当に交叉したりしている。これは一見、わが国の塀で囲まれた街路のように単調で無表情のもののように思えるが、もともと建築の外壁には単なる塀と異なる窓や出入口のような開口部があって、家の内と外とが連帯し、生活の雰囲気が街路にまで漂ってくる。これがギリシャやイタリアの街並みの庶民的な楽しさであり、前述した田園都市風の前庭のある街並みとは全然異なった空間構成をとりながら

写真 9　わが国の塀で囲まれた住宅地

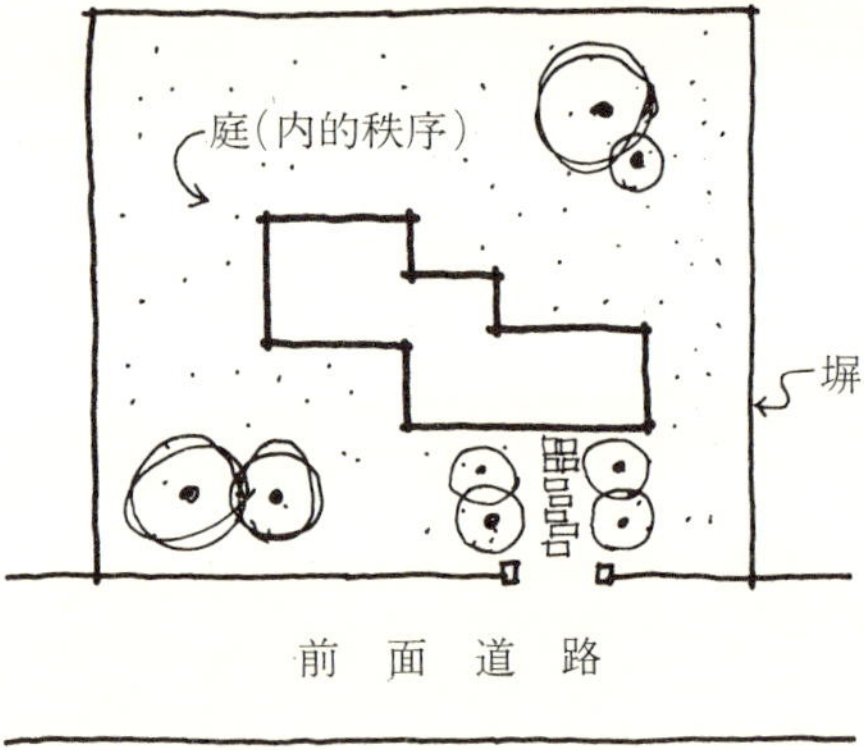

図 10　わが国の塀で囲まれた住宅地　わが国では塀で囲まれた住宅地が多い．庭は住いの一部で，内的秩序に属する．

写真 10　道路にじかに面するイタリアの住い

図 11　道路にじかに面するイタリアの住い　ギリシャやイタリアなどの道路に直接面している組積造住宅．庭がないかわりに，道路のところどころは小広場となる．

も、きわめて人間味のあふれる風景をつくり出している。街路のふくれた所は、広場のように人々が立ち話をしたり、椅子を出して繕い物をしたり、夕涼みをしたりする光景がいたる所で見られる。このことを空間領域的に述べると、住いのような私的な内的秩序の一部が繕い物とか夕涼みというような形で、街路のような公共的な外的秩序の中に浸透している――別な言い方をすれば、街路も内的秩序の一部に属する――と考えられるのである。前述した田園都市風の前庭のある街並みでは、外的秩序が内的秩序に浸透しているのに対し、ギリシャやイタリアの街並みでは、反対に内的秩序が外的秩序に浸透しているのである。どちらの街並みも各〻の利害得失をもっているが、街並みとして、美しいとか人間味があふれるとかいう特徴によってそれぞれに人々の心を打つのである。それに対して、わが国では道路と内的空間との浸透を遮断する塀によって無表情で単調な街並みを形成している。このような構成では前面の街路に対しては無関心となり、街並みを美化しようなどという意識は決して湧いてこないと考えられるのである。

次は、スペインや回教国の住いのように、中庭――パティオ――をもった街並みについて述べてみたい。一般的にスペインの街並みはギリシャやイタリア南部の街並みに似ているが、美しい茶褐色のスパニッシュ瓦を統一的に使用していること、壁体が石灰で常に白色に塗られていること等によって、街全体に統一的な均整がある。中庭で私的な屋外生活が行われるため、ギリシャやイタリアほどに街路での生活は必要でないとも考えられる。

中庭には鉢植えの花が壁いっぱいに掛けられ、街路の所々からそのたたずまいが散見できる(写真11・12)。

わが国でも、街路に直接面した家によって形成されている街並みがないわけではない。その代表的なものは京都の町家《まちや》による街並みであり、妻籠のような街道沿いの宿場町の街並みであり、飛騨高山などに代表される商家の街並みである。これらは現在、街並みの保存という点から急速にその価値の見直しがなされている。一軒一軒はよく見ると違っていても、いずれも同じ建築技術と工法が使用され、街全体に一体感があり共通の価値観によって支えられている。街並みとは本来、このような共通性の上に成立しているのであって、それによって街路や地域に対する強い愛着心が生れるのである。

京都の町家は街路に直接面する上に、その接触する所に造形的にも機能的にも優れた木格子が使ってある(写真13)。この格子はイタリアの街並みのところで述べたように、内外の空間秩序に流動性を与え街並みを活気付けるのに重大な役割を果している。格子は視覚的に半鏡面のような作用をする。すなわち、暗い方から明るい方を見ることができるが、明るい方から暗い方は見えにくい。であるから、昼間は家の中から表の様子を感知することができるが、表から家の中を見ることは難しい。また、格子の断面の縦横比を幾分縦長にすることにより、強度的にも丈夫で視線を遮る方向も増加することができる。通常は駒返しといって、格子の見付けの寸法と間隔を等しくすることによって風格のある格子の面

写真 11　スペインの田舎町

写真 12　スペインの住いの中庭

写真 13　京都の町家

を作ることができる。

このように格子によって、住いと「おもて」の街路とがつながることができるし、一方ではプライヴァシーを保ちながら、他方では緊密なる近隣関係を保つことができるのである。この「おもて」空間は道幅約六・五メートル、平均軒高五メートルとすると$D/H=1.3$（Dは道幅、Hは周辺建物の高さ）であり、いかにも親しみやすい人間的スケールである。「おもて」空間は真直でその長さは約九〇メートルあるといわれ、その路上でおきる出来事はすぐに見通すことができるのである。(6)

都市における劣悪な居住環境をスラムと呼ぶなら、スラムには二つの種類のものが考えられる。一つは老朽、過密や上下水道、特に排水のような都市施設が不十分であるため、物理的に不衛生、不健康な都市環境であり、いま一つは住居や都市施設等は完備しているのにもかかわらず、近隣に対する無関心、疎外感から、非行、性犯罪等の多発する都市環境である。前者は発展途上国に多く、これをフィジカル・スラムと呼び、後者はアメリカのような高度工業社会に見られるものでソシアル・スラムと呼ばれ、新しい社会問題となりつつある。都市評論家として著名なJ・ジェコブス女史は、商業地区、住居地区等のような用途地域制があまりに純粋に実現され、都市機能が単純化することを恐れ、彼女は都市における用途の或る程度の混在を主張する。ニュー・ヨークのグリニッチ・ビレッジはこの用途の混在した庶民の街であるが、彼女がこの街の保存のために勇ましく闘ったのもこの理由によるものと考えられる。彼女は街の中に誰かがなんとなく見はっていること——ストリート・ウォッチャー(street watcher)——の存在が大切であるという。ソシアル・スラムの発生は、用途地域制のゆきすぎと街並みの構成の不都合さから、死角だらけの不安な空間をつくり、ストリート・ウォッチャーの存在を許さないような建築計画がその原因の一部であると考えられている。高層アパートの自動運転のエレベーターの中、深夜のすいた地下鉄の中は、ウォッチャーのいない危険な空間であり、このようなことは街並みの構成の在りかたによって起こりうるのである。

何年か前、イタリア南部の田舎町で、自動車が道標にぶつかって動けなくなったことがある。ふと気が付くと、どこから出て来たのか多数の住民が、ある者はワイヤー・ロープ、ある者はスコップを持ってわれわれを救けてくれるではないか。後で考えてみるとこの静かな早朝の田舎街で誰が何処から見ていたのであろうか、不思議に思うほどであった。またある時、ヴェネツィアの知り合いのイタリア人とその子供達を連れて、サン・マルコ広場に出たことがある。子供達は喜々として、あの舗装の模様沿いに鬼ごっこをしたりして、しばし遊んだ後、いよいよ寝る時間になって広場の脇の住いに帰ると、子供達は二階の方に向って「ボナ・ノッテ」と大声で叫ぶ。一斉にそのあたりの窓という窓が開いて、沢山の顔がその子供達に「おやすみ」の挨拶を交わすのである。ちょっとした物音、人々の声などに敏感に反応するイタリアにはまだまだストリート・ウォッチャーが存在し、街を住民のみんなで静かに見はっているのが実感としてわかった。このような地縁によって結びつけられた近隣意識は何もイタリアでなくとも世界中到る所に見られ、わが国の地方都市にもまだまだ健全に存在していると思われる。しかしながら、街並みの構成の手法の中で、内外の空間秩序を流動させて計画的にこのような近隣意識をうまく醸生させたのは、何といっても京都の街並みであろう。「おもて」で遊ぶ子供達は、格子ごしに母親の領域にあり、「おもて」で行われる日常の行事、掃除、植木の手入れ、水まきをはじめ、祭事その他はここに育ってゆく子供達の社会教育の場としても重要であったのである。

しかしながら、どの国でも工業化が進むにつれてこのような地縁的近隣意識は崩壊する方向に向うことは残念ながら事実である。なんとなく見はられているような近隣意識よりは、大都会の匿名性や非情性の方が遥かに若者の心を打つ。また、公務員宿舎や大企業の社宅のように地縁に関係なく組織のヒエラルキーをそのまま持ち込むような集団社会や、自らがつくり出した街並みでなく与えられたコンクリートの箱の中に入らなければならない住宅公団の大集合住宅群のような社会——いずれも人間形成の場として、大きな問題をはらみながらも、現実は非人間的な都市環境へと驀進していることも事実である。如何にして、この非人間化してゆく今日の社会で再び人間本来の生活を取り戻すことができるのであろうか。また、われわれの住む環境をより美しく、より住みやすくすることができるのであろうかについて、深く考察する必要があると思われるのである。

2　街路の構成

イタリア的発想によると、街路の両側には建築が建ち並んで閉鎖空間をつくっていなければならない。それはちょうど歯並びのようなもので、連続性とリズムによって美しい街並みが成立するし、歯が一本抜けたり、おかしな金歯が入れば顔形が全く変貌するように、一軒の建築が取り壊されたり、新しく不似合な建築が建てられたりすると急に街並みの均衡を乱す。

B・ルドフスキーは、イタリアの街路について次のように述べている。「街路は何も無い場所には存在し得ない。すなわち周囲の環境とは切り離すことができないのである。言いかえるなら、街路はそこに建ち並ぶ建物の同伴者にほかならない。街路は母体である。都市の部屋であり、豊かな土壌であり、また養育の場でもある。そしてその生存能力は、人びとのヒューマニティーに依存しているのと同じくらい周囲の建築にも依存している。完璧な街路は、調和のとれた空間である。取り囲むのがアフリカのカスバのごときほとんど密室のような家々であろうと、あるいはヴェネツィアの繊細な大理石の宮殿であろうと、

図 12　イタリアの地図を黒白逆転してみる(G. ノリ「ローマの地図」より)

要はその囲いの連続性とリズムである。街路はそれを縁どる建物があってこそはじめて街路であるといえよう。摩天楼と空地では都市はできない[7]」という。

面白いことに、イタリアの街の地図をよく見ると、街路や広場は、建物の外壁の足元まできちっと舗装されていて、その建物との間に曖昧な空間がないからこの地図を黒白反転して並べてみても、地図としてそれほど不都合な感じはしない(図12)。このことはイタリアの建物の内部の空間と街路のような外部の空間とが質的に近似していることを示している。一方、古板江戸図を見ると、その内容は敷地と道路との関係を示す敷地割図であり、建物と街路との関係を示すものではない。また、建物はイタリアのように敷地いっぱいに建てられるとは限らないから、道路と建物との間には曖昧な残部空間があり塀を必要とすることが多い。こ

図13　古板江戸図を黒白逆転してみる(『古板江戸図集成』巻七より)

の地図を黒白反転してみてもそれほど意味がない(図13)。

さて、ゲシュタルト心理学においては、エドガー・ルビンの有名な「盃の図」がある(図14)。この図の中に盃を見る人は両側の白い部分が形のない「間」の空間と映る。もし、二人の人が向き合った顔と見えるならば、黒い盃であった部分は形のない「間」の空間となる。そして盃と人の顔とを同時に見ることはできない。メッツガーの『視覚の法則』によれば、眼のなかに模索された形のうちでわれわれが実際に見ることができるのは「図形」とか「物」とか「立体」とかの印象を与えるものだけに限られるのであって[8]、この場合、盃を見れば盃が「図」となり、白い部分は「地」となる。また、向き合った顔を見れば顔が「図」となり、黒い部分は「地」となるのである。また、黒と白との境界線はどちらか一方にだけ作用して、

図14　エドガー・ルビンの「盃の図」
(メッツガー『視覚の法則』より)
この図の中に盃を見る人にとっては，盃が「図」となり両側の白い部分は「地」となる．向い合った顔と見る人にとっては，顔が「図」となり黒い部分は「地」となる．そして，「図」と「地」は時として入れかわる．

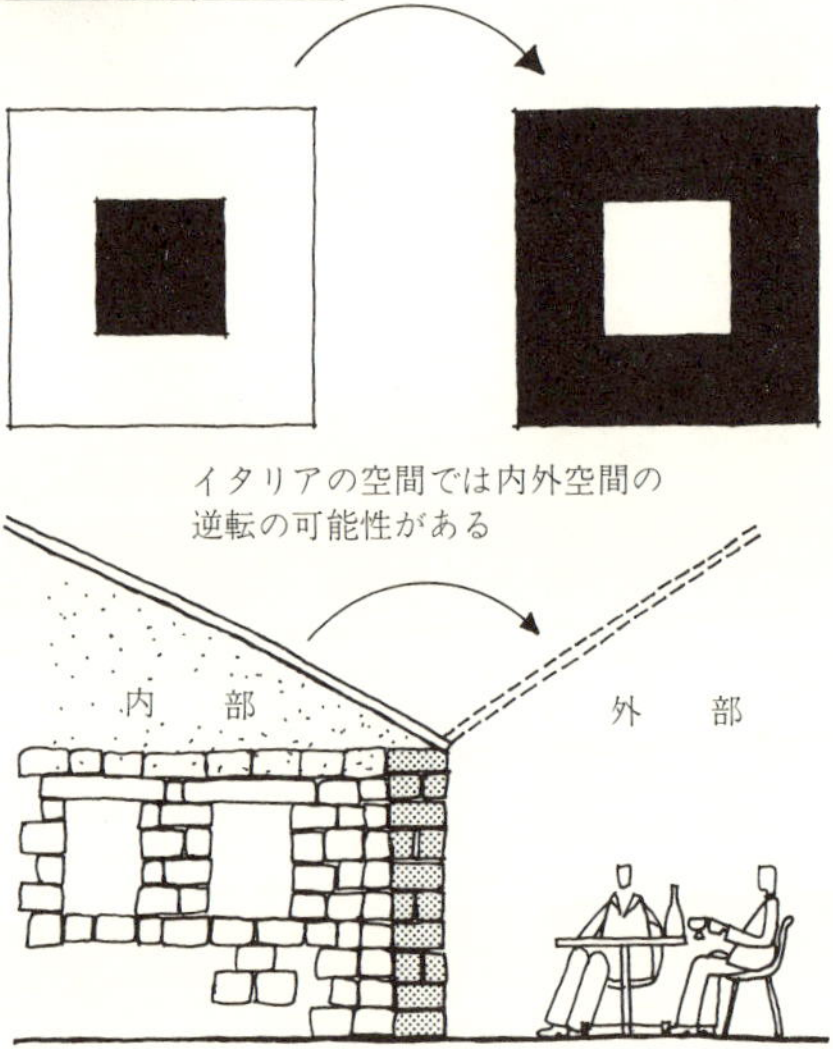

図15　イタリア建築における「内部」と「外部」の逆転　イタリアの街路や広場は，舗装が隅から隅まできれいにゆきとどいて，室内の床とあまり変らない．建物と街路を区分する組積造の壁も，内部と外部はあまり変らない．ちがっているところは，屋根があるかないかということである．そこで屋外にも室内のような要素が認められ，屋外も「図」となる可能性を十分にもっているのが，イタリアの空間構成である．

盃の輪郭線となるか、顔の輪郭線になるのであって、同時に両者の輪郭線となることはなく、一方が「図」となれば、一方はその背景としての形のない「あいだの空間」になるのである。

そこで、前述したイタリアの地図で黒白反転するということは、ゲシュタルト心理学における「地」と「図」との関係を逆転することを意味している。イタリアの街路や広場は、輪郭のはっきりした「図」としての性格を保持しうるものである(図15)。そのためには先に述べたように、街路の両側には建物が建ち並んで輪郭づけられていなければならないのである。この場合、建物は街路沿いの面として現われることが必要であるし、もし、建物の方が孤立的であったりモニュメンタルであったりする場合は、当然、建築物が主役となって街路はその間の空間をつなぎ合わせる「地」となる。イタリアの街では、建物一つ一つはよく見ると異なっていても、歴史の経過とともに「多様の統一」が遂げられ、街路を構造化された「図」として認めうる街並みの構成をもっているのである。

そこで、イタリアの建物の内部と街路や広場のような外部の空間との近似性について少しく述べてみたい。イタリアでは、街路や広場には一本も樹木らしいものが植えられていないものが多い。地面には、時として美しい模様の舗装が室内のじゅうたんのように隅から隅まで施してあって、全く人工的な都市空間である。一方、建物の内部は前述したように組積造であるため、わが国の木造住宅のような高床形式をとらず、地面を舗装して床面としている。組積造の壁は、金時飴の断面のように割っても同様に石か煉瓦であり内壁も外壁もほぼ同様である。室の内部と外部とは、床も壁もほぼ同様であるとするならば、本質的な内外空間の差異は屋根があるかないかにかかわっているのである。イタリアの舗装の歴史はかなり古いと言われているように、内外空間の近似性という観点から言えば、外部空間の舗装は歴史的にも不可欠の条件であった。また、室内の土間はわが国のような家に入って履物をぬぐ習慣を必要としない。それどころか、足の裏から熱を失わないように靴を履いたまま生活することこそ望ましいのである。確かに、イタリアの街路や広場はイタリア人にとって生活の場であり、住いの内部と外部を均一に使うことによってその生活が成立するのである。このように、イタリアの街路と建物との関係は、街路が十分にゲシュタルト心理学でいう「図」となりうる要素をもっているのである。ということは街路が同時に街の主役として重要な役割を演ずることを意味するのであり、街路の空間に生活の一部が浸透しているのである。

さて、このような知覚の領域でのゲシュタルトの法則を建築や街並みのような実体的な領域に適用することには疑問がないとは言えないが、最近では世界的に見て建築学者の間ではこのような傾向にあると言える。また、イタリアの街並みや、後述する「入り隅み空間」や広場の構成等にこのゲシュタルトの法則を適用すると実にうまく説明できるのである。畢竟、街並みの構成は基本的に視覚によって決定されるものであるから、ゲシュタルトの視覚の法則がよくあてはまるのである。

イタリアの城壁に囲まれた中世都市や石造建築に囲まれた広場には、多分にこのゲシュタルト質が認められるのに対し、わが国の都市の形態や街並みにはこのようなゲシュタルト質が認めにくく、街のまとまりも内容も稀薄であると言うことができるのである。

3　D/H 幅と高さの比率

都市は周辺の環境より一般的に密度が高く構造化されているもので、周辺の「地」に対して「図」としての性格を帯びている。同様に住宅地の街路と建物との関係も、建物の外壁が面として働く場合には街路は街並みとなり、十分に「図」としての性格を帯びることができることは、前述したとおりである。

それでは街路の幅とそこに建ち並ぶ建物の高さとの比率はどのようになっているのであろうか。ここで、街路の幅(D)、建物の外壁の高さ(H)として、両者の比率(D/H)について検討してみたい。私自身の観察によると、$D/H=1$ を境として、$D/H<1$ の空間と $D/H>1$ の空間とでは、空間の質において、変節点があると考えられる。D/H が一より大きくなるにつれてだんだん離れた感じとなり、二を越すと広々とした感じとなる。D/H が一より小さくなるにつれて近接した感じとなり、狭くるしくなる。$D/H=1$ のとき、高さと幅との間に或る均整が存在し、$D/H=1, 2, 3,$……あたりの数値が実際の設計に応用されると考えられる(図16)。また、城壁に囲まれたイタリア中世の都市ではスペースが

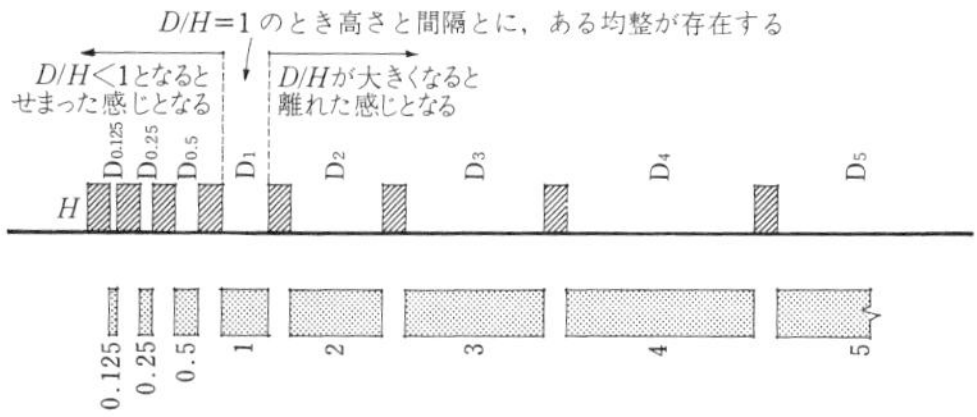

図16　建築における D/H の関係

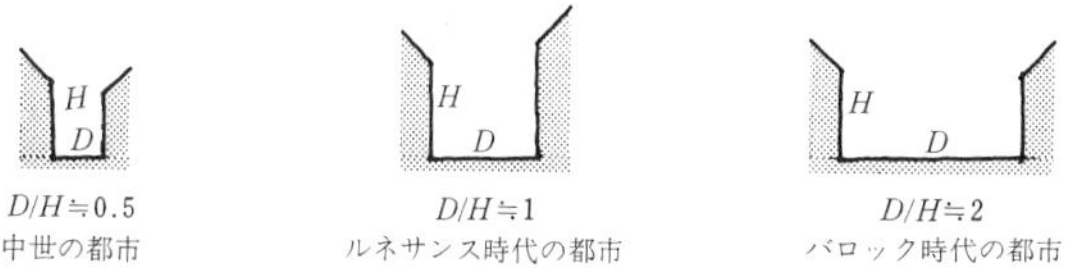

図17　イタリアの街並みの D/H

限られていたため街路は狭く、$D/H \fallingdotseq 0.5$（中世の都市の街路はあまりに不揃いであったから、これはおおよその数値である）程度であった。ルネサンス時代の街路は比較的広く、レオナルド・ダ・ヴィンチは幅と高さとが等しいこと、すなわち $D/H=1$ であることが理想であると考えていた。バロック時代には中世のプロポーションは逆転して街路の幅は建物の高さの二倍、すなわち $D/H=2$ となった[9]（図17）。イタリアの裏街などに行くと、現在でも $D/H<0.5$ 程度の狭い街路があり、窓から窓にロープを渡して洗濯物をぶらさげている風景によくぶつかる（写真14）。京都の伝統的な町家と「おもて」との関係は、前述したように $D/H=1.3$ 程度のこころよい広さがあり、ヒューマン・スケールの成功例ということ

写真 14　イタリアの裏街，$D/H < 0.5$

ができよう。ただここに注意しなければならない点は、同じD/Hでも、西欧の街並みでは道幅が思ったより広い、言いかえれば建物が思ったより大きく高いという事実がある。D/Hは、単に道幅と建物の高さとの比例を示す指標なのである。和辻哲郎が『風土』の中で次のように述べているのはこの意味で大変面白い。

ヨーロッパから日本へ帰ってそれに異常な珍しさを感ずるということは、永年その中に住んで見慣れていた日本が、これまで通例の有り方として理解せられていたこととの異なった有り方を持つに至ったか、あるいは日本の方がそのままであるのにその通例のあり方として理解していたことが自分の側においていつのまにか変わって来たのか、いずれかでなくてはならぬ。……手近な例でそれを明らかにしよう。我々は日常日本において自動車や電車を見慣れている。それは西洋から輸入されあるいは西洋のそれを模して作られたものであるが、しかし我々日本人がそれらのものにおいて珍しさを感ずるということは、今日においては通例はないであろう。……ところで日本へ帰って街上の自動車電車を見る。それはまるで麦畑の中を猪が暴れまわるような感じである。電車が突き進んで来るときには、左右の家並みはちょうど大名行列に対して土下坐している平民どものように、いくじなくへいつくばっている。……我々は前にはその不釣り合いを感じなかった。そうしてヨーロッパに渡ってそれを本来の釣り合いにおいてながめたときにも、ただそれらのものが小さく感じられたというだけで、そこ

に根本的な釣り合いの変化が起こったことには気づかなかった。(10)

それはちょうど、アメリカの広い通りに適するアメリカ製大型自動車をわが国にもってくると大きすぎて不釣り合いであるのに、日本の狭い通りに適する日本製小型車をアメリカにもってゆくと可愛らしく見えるのと似ている。街路と建物の高さとの比率が或るよい数値をもっていても、そこに入ってくる他の物体との大きさに均衡がないと、このような結果になることを意味しているのである。すなわち、西欧の建築に対してわが国の住宅はきわめて低く狭いことが、同じ大きさの自動車や電車の出現によってはっきりとするのである。和室で畳の上に坐ると視線が低くなり、わが国の建築の内法寸法はすべて低めにできている。街並みでも同様に、わが国のものは西欧に比べて低く狭いのである。

この道幅と建物の高さとの比率（D/H）は、パリのシャンゼリゼー、ローマのヴィア・ベネト、ニュー・ヨークのフィフス・アヴェニュー、東京の銀座通り等、世界の大通りに適用するのが面白いと思う。また、イタリアの広場や、ニュー・ヨークに多くの実例のある、サンクン・ガーデン等の閉鎖空間に適用するのも、面白いと思う。

D/Hの今一つの応用としては、建物を「図」として鑑賞する際、建物から視点までの距離（D）と、その対象となる建物の高さ（H）の比率として考える場合である。古くは、十九世紀のドイツの建築家H・メルテンスの見解によれば、人間が前方を見る場合40°の仰角となり、建物の上部に天空を見る度合を考慮に入れれば、建物と視点間の距離（D）と建物

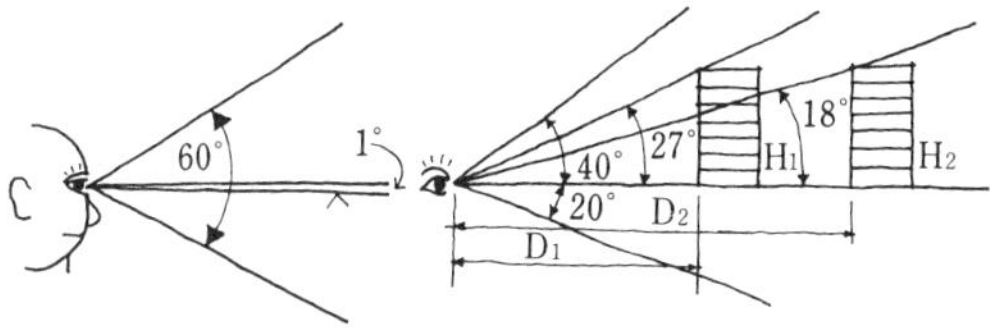

図18　建物と視界の関係　建物の高さ(H_1)の2倍の距離(D_1)をとって見ると，建物を全体として見ることができる．その仰角(θ_1)は $\tan\theta_1=1/2$, $\theta_1=27°$, 一群の建築として見るときは，$D_2=3H_2$, すなわち $\tan\theta_2=1/3$, $\theta_2=18°$ となる．

の高さ(H)との比率は、$D/H=2$、仰角27°で、建築を全体として鑑賞することができる、とされている(図18)。また、ヘッジマンとピーツの"The American Vitruvius"によれば、建築の高さ(H_1)の約二倍の距離(D_1)離れなければ建築を全体として見ることができない。すなわち、その仰角(θ_1)は $\tan\theta_1=1/2$, $\theta_1=27°$ である。個々の建築より一群の建築として見る場合は $D_2=3H$, すなわち $\tan\theta_2=1/3$, $\theta_2=18°$ の仰角であるといわれている。イタリアの名建築の前は少なくとも $D=2H$ ぐらいの距離があいていて、この名建築を十分鑑賞できるような空間構成ができているのである。残念ながらわが国の都市では、道路が狭く広場《ピアッツア》のような空間がないため、建物の正面をその高さの二倍ないし三倍の距離から十分に鑑賞できるような場所はほとんど無いといっても過言ではない。

4　広場《ピアッツァ》の美学

イタリアといえば広場、広場といえばイタリアといわれるぐらい、イタリアの各都市には素晴しい広場が多く、街の中心となっている。中世のものではヴェローナのエルベとシニョーリ広場(Piazze delle Erbe e dei Signori)、フィレンツェのシニョリア広場(Piazza della Signoria)、シエナのカンポ広場(Piazza del Campo)(写真15)、ルネサンス期のものではボローニャのマジョーレ広場(Piazza Maggiore)、ヴェネツィアのサン・マルコ広場(Piazza San Marco)(写真16)、ローマのカンピドリオ広場(Piazza del Campidoglio)(写真17)、バロック期のものではローマのサン・ピエトロ広場(Piazza San Pietro)、ナヴォーナ広場(Piazza Navona)(写真18)等々……数えあげればきりがないほどである。これらの広場は単に都市のオープン・スペースであるというよりは、絵画、彫刻のような芸術作品と同様に高度の芸術的感銘を与えてくれるものである。しかも、絵画や彫刻のように外側から見るものでなく、中に入って内側から空間として体験する芸術的感銘なのである。

もともと中世の都市においては、広場は単に街路のふくれた程度のものであったようで

写真 15　シエナ，カンポ広場

写真 16　ヴェネツィア，サン・マルコ広場

写真 17　ローマ，カンピドリオ広場

ある。また、イタリアの地方都市に行ってみると、確かに現在でも中世そのままのような素朴な広場もないわけではない。広場が本格的に芸術作品となりだしたのはルネサンス期のアルベルティやダ・ヴィンチの頃からであり、現在、イタリアやフランスを中心とする世界的に有名な広場は、十七世紀から十八世紀にかけてその頂点に達したといわれている。

空間構成の上から言って、広場が広場として成立するためには、次のような四つの条件が存在すると私自身は考えている。第一に、広場の境界線がはっきりしていて「図」となりうること、この境界線は建物の外壁であることが望ましく、単に視線を遮る塀であって

写真18　ローマ，ナヴォーナ広場

はならない。第二に、空間の閉鎖条件をよくするような「入り隅み」のコーナーをもって「図」となりやすいこと、第三に、境界まで舗装が完備していて空間領域が明瞭で「図」となりやすいこと、第四に、周囲の建築にある種の統一と調和があり、D/H がよい比率をもっていること、である。

広場は境界線から求心的に収斂する空間であって、境界線が明瞭でないと収斂性が弱まる。また、もし境界線が存在しないと遠心的に発散する空間となり、自然の原野や自然公園のような空間となる。広場は、建築の外壁が広場の内壁となるようなパラドキシカルな性質をもっている。建築の外壁には窓や出入口のような開口部があり、建物の内部と広場とは空間的に相互貫入している。もし、この相互貫入のない外壁であったなら監獄の中庭のような空間となるであろう。広場は市民の生活の場であり、賑わいのある生きた空間であり、単なる閉鎖空間ではないのである。

トスカナ地方にあるシエナは城壁に取り囲まれたいわゆる「囲郭都市」の一例であるが、その中心にあるカンポ広場は、イタリアの広場の優れた実例の一つであるといえよう。この広場に導く重要な道路であるパンタネト(Via de Pantaneto)をたどって広場に入ると急に視界が開けて正面に四階建てのパラツォ・プブリコ(Pallazo Publico)があり、これは西暦一二八八年から一三〇九年の間に建てられ、その一部の高い塔トーレ・デル・マンジャ(Torre del Mangia)は一三三八年から一三四九年の間に、礼拝堂(Cappella di Piazza)は一三五二年から一三七六年の間に建てられた。美しい九つの扇形からなる広場の舗装は十五世紀になされたもので、ゆるやかな斜面をなして、パラツォ・プブリコに焦点を結んでいる。昔からあった水道から引かれたガヤの噴水(Fonte Gaja)は一四〇九年から一四一〇年の間に造られ、この広場の高い部分に位置して空間を引き締めている。(11) このようにこの広場は二世紀にわたって逐次発展してきたものと考えられるが、常にこの外部空間があたかも芸術作品であるかのように取り扱われ、市民の誇りともいうべき空間である。この広場をとりまく建築群はよく見ると、軒高、階数、窓割等まちまちであるが、組積造の外壁は時代の経過とともに渾然一体化し、「多様の統一」を果たした壁面は、境界線としてこの外部空間を強く規定している。扇形の石だたみの周囲には石の杭が約六メートルおきに立てられ、杭の外側は現在、自動車の進入が許されているが、杭の内側は全く歩行者のための空間であって、ここを勝手な方向に歩くのは何とも愉快であり、人間を優先する空間の好例である。さて、年に一度、シエナでは「パリオ」(Palio)という馬の競走が街ぐるみ行われる。この石の杭の外側を馬が時計廻りに駆けるのである。この時、建物の外壁の窓という窓からは大勢の人々が顔を出してこの競走を声援する。この瞬間、今まで建物の外壁であった壁は、馬の駆けるアリーナの内壁に転化している。もし、この広場に大きな屋根をかけて屋内運動場のような空間に転化するとすれば、当然周辺の建物の外壁は屋内運動場の内壁となるようなことを意味している。このことはイタリア人がいかに「外部空間」に対して、室内のような「内部空間」と同様な意義を認めているかということの証拠である。そして外部空間を整え、優れた空間とすることに熱意をもっているのである。われわれ日本人のように「外部空間」は自然発生的に出来上ってゆくと考えている人々とは確かに異質の空間概念であると言えよう。

ミラノの西北にヴィジェーヴァノ(Vigevano)という小さな田舎町がある。この町の中心には、ルネサンス式の美しい広場、ピアッツァ・デュカーレ(Piazza Ducale)がある(写真19)。この広場を設計した建築家は、レオナルド・ダ・ヴィンチ説とブラマンテ説とフィラレーテ説とがある。ポール・ズッカーによれば、この広場は一四九二年から一四九八

写真19　ヴィジェーヴァノ，デュカーレ広場

年にかけて、ブラマンテとレオナルド・ダ・ヴィンチの協同を得て、アンブロジョ・ディ・クルティスが実現したものと言われている。[12] この広場に立って周囲を見わたすと、ポール・ズッカーが述べているように、イタリア・ルネサンスの広場の特徴としての「空間的統一への意欲」をひしひしと感ずるのである。それは同じ高さの軒と屋根、次々と繰り返す拱廊、同じ形の窓で構成された建築がこの広場の三辺を取り囲み、短辺は $D/H \fallingdotseq 4$ のひきしまった空間である。拱廊とはアーチ工法を二方向に使った軒下の廊下の空間であって、現在、この周辺の店舗は、拱廊を通して広場の空間につながっている。このアーチとそれを支える柱列の繰り返すリズム感は、いかにもルネサンス式広場の特徴ともいうべきで

あるが、ひとつ不思議なことは、この広場の末端にある教会の配置である。平面図(四八メートル×一三四メートル)を見ればわかる通り、三辺は前述の拱廊で取り囲まれているが、一辺だけは凹面のバロック式の教会によって空間が閉鎖されている。実際この広場は、この教会のファサードの凹面によって、いかにも包み込まれるような親密な空間構成がかもし出されていて、この広場の構成の成功を決定づけていると言えよう。しかし、この教会は、裏側に廻ってよく見ると広場に対して斜めに配置されているけれど、ファサードだけは広場の縦軸に直交して正面に向いている。この教会を建築としての側面から考察してみると、その平面形が正面が斜めに切られ、壁が凹型に存在することは、教会の内部空間の構成の上からいかにも不都合である。これは、明らかに広場の側から周辺の建築の壁を規制した考えかたによるものにちがいない。また、バロック様式の教会のファサードは、三辺のルネサンス様式の拱廊の建築より、建築様式史の時代区分から見て後から造られたことは明らかである。広場の外部空間を構成するにあたって、イタリア人は、あたかも室内空間のように外部空間を内部化して考えていることがよく読み取られると思われる。また、一四九四年に完成した美しい模様の舗装を見れば、この広場の外部空間を室内にじゅうたんを敷きつめたのと同じように考えているのがよくうかがえる。このピアッツァ・デュカーレは、イタリア人の空間に対する考え方を示した面白い例と考えられる(図19・20)。

このように、外部空間が、内部に向って曲率をもった壁面によって取り囲まれるという

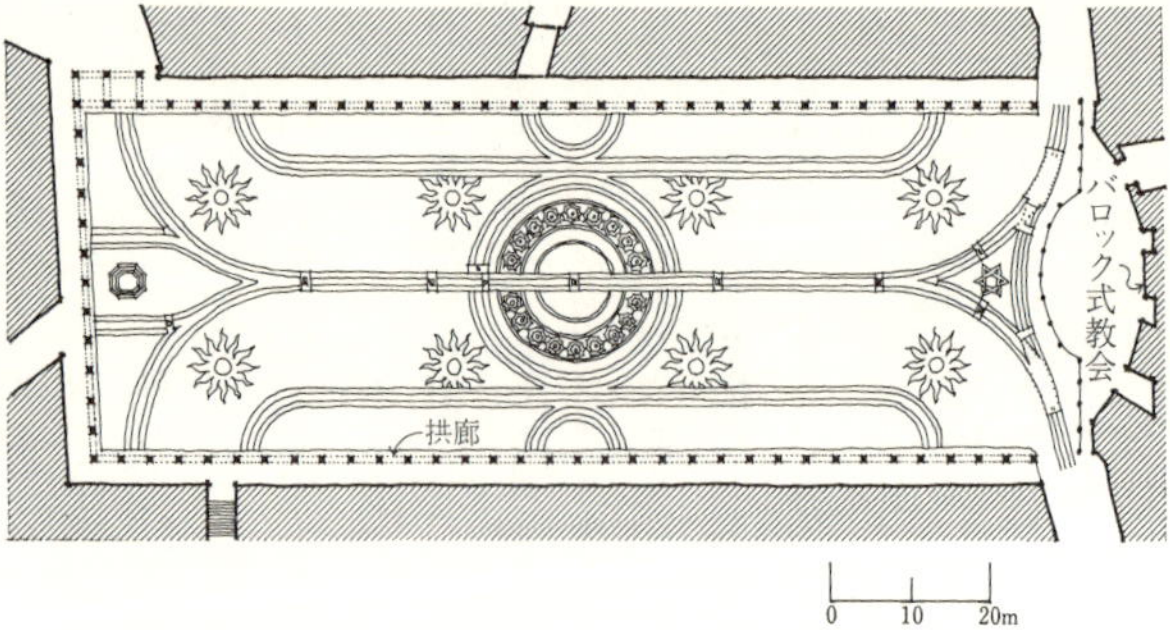

図 19　ヴィジェーヴァノ，デュカーレ広場の床模様(*Piazze d'Italia* より)

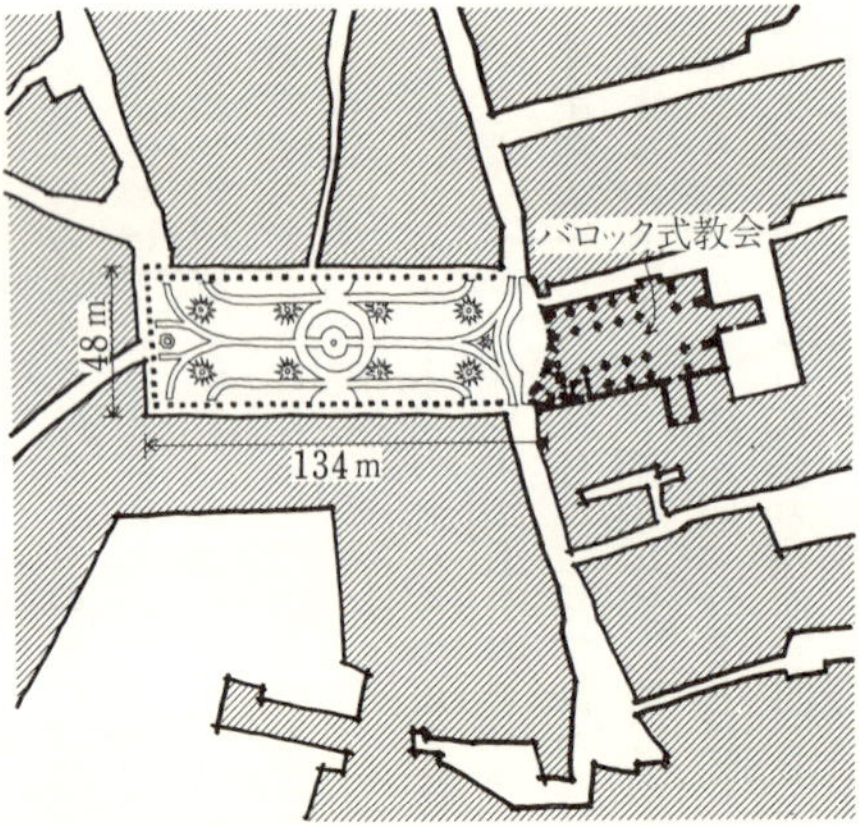

図 20　ヴィジェーヴァノ，デュカーレ広場 平面図

ことは、空間の閉鎖性と深いつながりのあることで、イタリアにはこのヴィジェーヴァノ以外にもいくらでも例がある。ローマのサン・ピエトロ寺院の前庭は、側廊によって凹型に取り囲まれているし、ルッカ(Lucca)のピアッツァ・デル・メルカート(Piazza Del Mercato)では、広場自身が周辺の建築によって楕円形に取り囲まれているのである。内側に向った曲率のある壁は、この外部空間に求心的な収斂性を与え、より空間の重要性を増す役目を果たしている。また、ゲシュタルト心理学における「内側の法則」により、より「図」となりやすい要素をもっている。その点が茫漠たる遠心的な自然の空間と異なる所以であろう。

広場は、宮殿、市庁舎、教会のような重要な建築と強いかかわり合いをもっている。なかんずく、宗教的な理由から、教会が広場の空間を規制している例が多い。イタリアの例を見ればわかるとおり、ドゥオモ広場、即ち教会前の広場というものがきわめて多く存在している。教会の前庭は、本来、機能的に教会の一部であり、宗教的な慣習に従ってさまざまな使いかたがあったものと考えられる。また、実際にイタリアの教会前の広場を調べてみると原則的に言って、三面が家屋によって囲まれ、教会が西側に位置して西ファサードを形成しているのである。前節「*3*　*D*/*H* 幅と高さの比率」で述べたように、建物を *D*/*H*＝2, 仰角27°で見ることが、少なくとも建物を鑑賞する上で必要である。教会の儀式その他の機能上の問題を除いても、教会建築の重要性から考えて、建物の高さの少なくとも二倍以上の距離のある広場をもつことが広場の空間構成の上からも必要である。教会の建築は、建築自身として離れて見れば優れた構成をもち、近くによれば石彫の繰形や彫刻、入口扉の浮彫等が眼にはいって人々の心を打つのである。そして、教会建築が市民の心のよりどころであり、宗教的、文化的な誇りでもあった。

イタリアの中世の広場はいかにも素朴で飾り気がなく、しみじみと心を打つものが多い。ルネサンス期に入ると、空間の統一に対する意欲のような人為性が感じられ、噴水やモニュメントのようなものが付け加えられる。さらにバロック期の広場になるとその芸術性のためか、人為的な意図のためか、ある種の気品に満ちているとは言えようが、外部空間らしい素朴さのようなものが薄らいでくるとも言える。いずれにしても、石の建築によって演出されるイタリアの外部空間は、われわれ日本人にとって異質のものではあるかもしれないが、そのよってきたる建築学的な所以から考えて、十分に考察する必要のある空間であると考えられるのである。

5　入り隅みの空間

広場の空間を考察するには、どうしても、次に「入り隅み」の空間について述べなければならない。

「入り隅み」とは、一升枡を例にとれば、その内側の入り窪んだ空間を指し、「出隅み」とは、一升枡の外側の出ばった空間を指すのである(図21)。外部空間において、「出隅み」の空間は、きわめてつくりやすいのに対し、「入り隅み」の空間は街路と建築との関係からいって、なかなか成立しにくい。特にわが国の都市においては、この「入り隅み」の空間は歴史的に成立していない。これは、前述したように、外部空間に対してわが国では「図」となりうるような要因を与えていないことによると考えられる。

例えば、東京丸の内のオフィス・ビル街の街区を取り上げて考えてみよう。この地区は、わが国の都心としては、比較的規則正しく街路が碁盤目に配置されている。もし、この街区のどれか一つの建物を取り除くと仮定してみる。そうすると、そこに建物で取り囲まれた外部空間を創り出すことができる。しかし、よく見るとこのような道路配置では、ここ

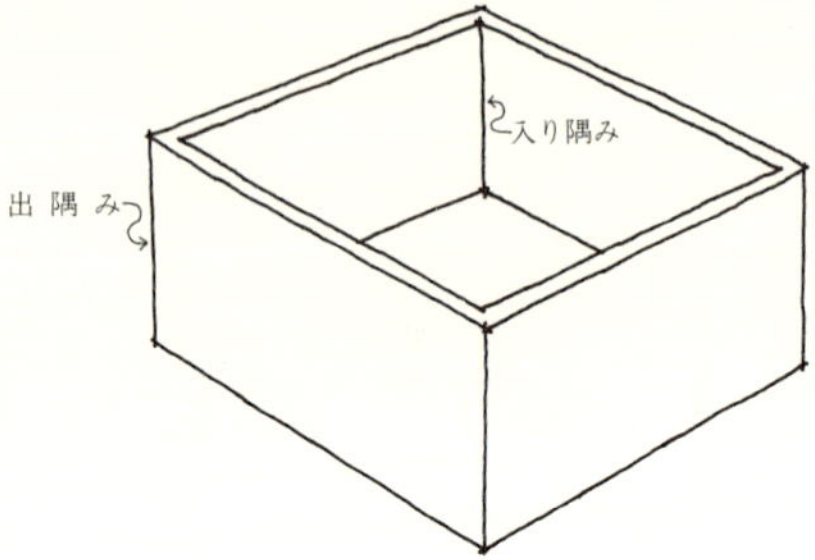

図21　一升枡の「入り隅み」「出隅み」

に述べようとする「入り隅み」の都市空間はできない。なぜならば、その空間の最も大切な四隅で道路が進入していて、図の「A」のように隅が道路によって欠かれ、図の「B」のように隅が取り囲まれた都市空間を創ることはできない(図22)。このような、大きな都市空間の実例は、ニュー・ヨークのワシントン・スクエアーであろう。この広場には十四本の道路が進入してきて、その最も重要な隅が、道路によって欠かれている(図23)。この点が、ヨーロッパでよく見られる本格的な「入り隅み」空間をもった外部空間——例えば、パリのヴァンドーム広場、コペンハーゲンのアマリエンボルグ広場——と異なる所以である。

何故、外部空間の隅が欠けたものが、隅がきちんと「入り隅み」になっているものより空間の質が劣るのか、その説明はなかなか難しいように思える。実際それらの広場に立って、注意深く観察してみると、隅がかためられているものは空間の閉鎖性が高く、親密な安心できる

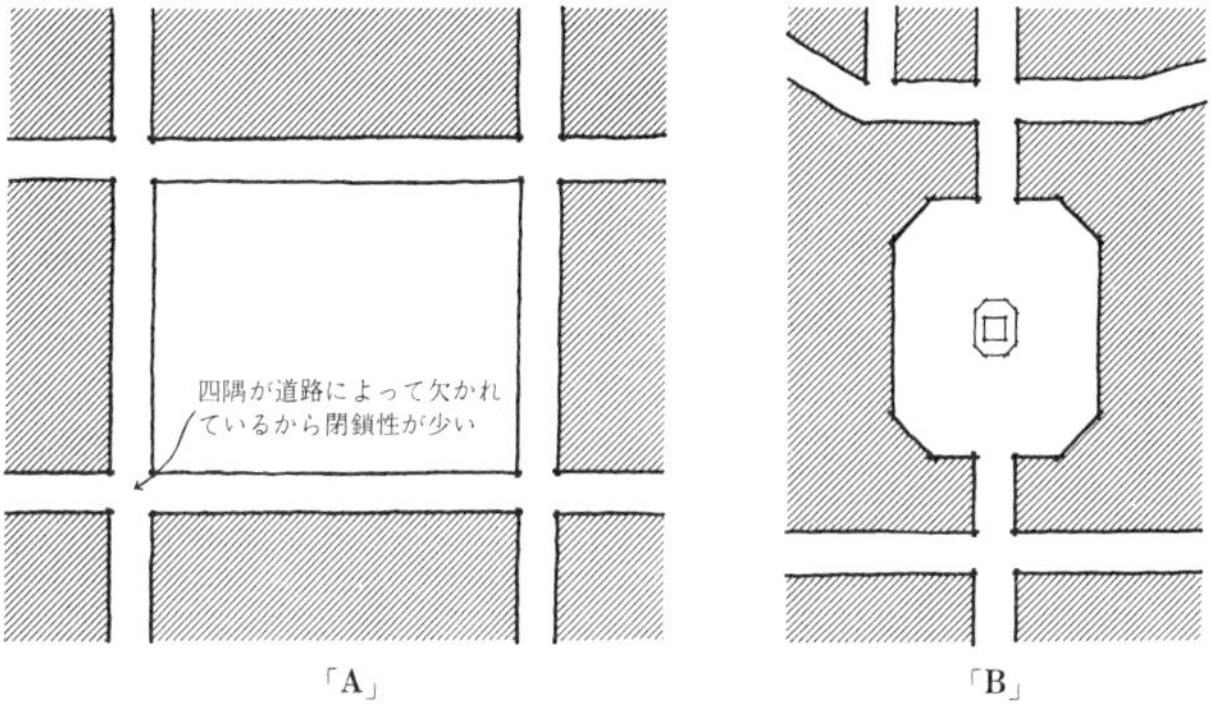

図 22 「入り隅み」の街区

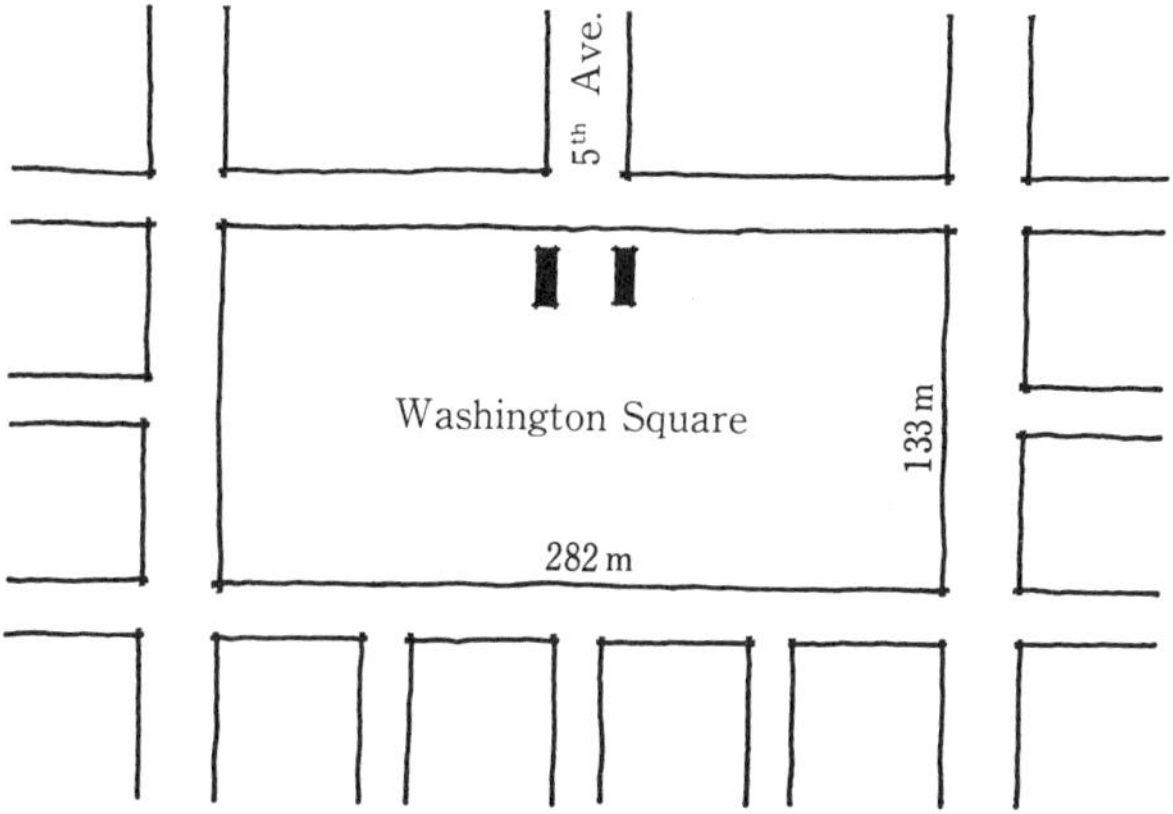

図 23　ニュー・ヨーク，ワシントン・スクエアー 平面図

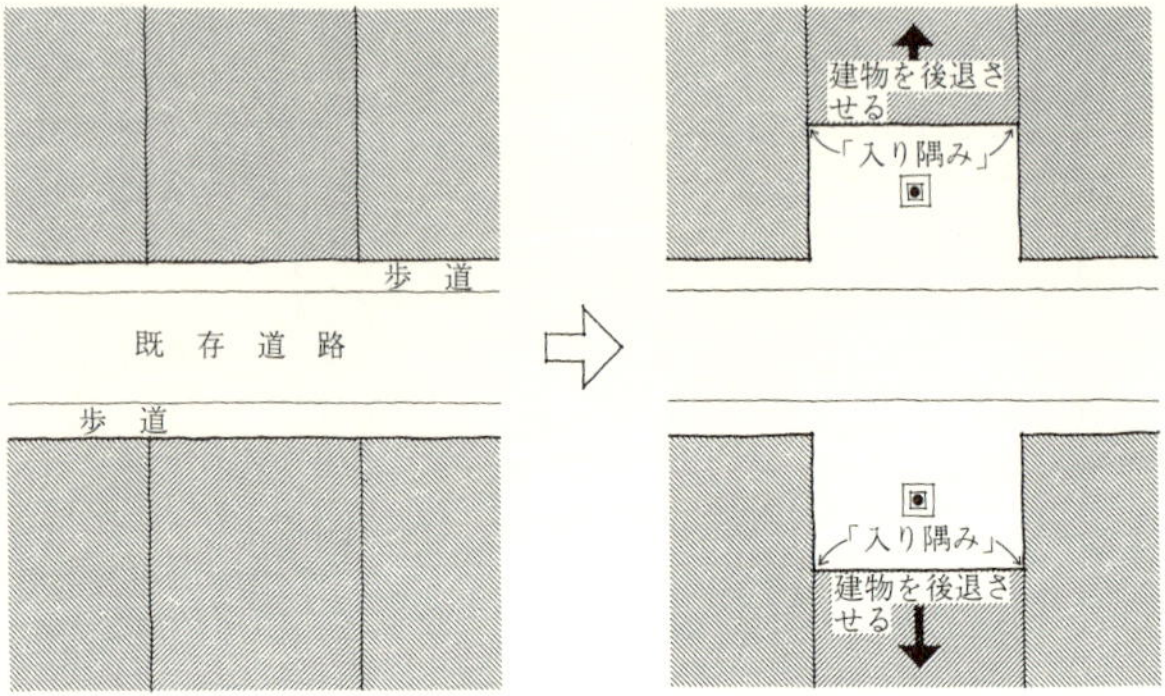

図24　道路の「入り隅み」　既存道路でも，建物を後退させるような工夫をすれば，「入り隅み」をつくることができる．

空間となっている。このような外部空間の構成にゲシュタルト心理学の法則を適用してみると、メッツガーが、その『視覚の法則』で述べているように、形の認識にあたり「取り囲みの法則」或いは「内側の法則」というものがある。即ち、輪郭線によって取り囲まれていたり、また、内側に包み込むようになっていると、「図」としてより見やすくなるのである。外部空間において、このような「入り隅み」の空間は実際に広場を領域的に取り囲み、内側に包み込んでいる。また、そのような場所には、水の流れが、その曲り角によどむように、人々がたむろしたり、椅子を出して腰掛けたりするのである。ヨーロッパでは、隅の守られたこのような「入り隅み」空間が、都市の魅力として、人々を惹きつけている場合が多い。碁盤目に配置された道路に沿ってただ建物を配置すると、すべて「出隅み」の空間となり、人々を押し出すような非情な都市空間となる。その逆に「入り隅み」の空間では、人々を包み込むような温かいまとまりのある都市空間を生み出すことができるのである。残念ながらわが国の都市には、このような心の温まるような「入り隅み」空間が生れにくい。そこにあるものは、道路と建物と駅前駐車場広場と公園のようなものであり、イタリアのピアッツァのような都市空間はできにくいのである。現在のわが国の街区方式でも「入り隅み」の空間をつくろうと思えば絶対にできないわけでもない。それは道路に面した建物の前面を思いきって後退させる、できればその反対側の建物も同様に後退させることである(図24)。そして、そこにできた前面空地を単なる駐車場等にしないで、積極的に街の広場として市民に提供するような街造りの精神が前提となることは、勿論である。ここに、街を美しく魅力的にしようという「街並みの美学」が必要なのである。

6　サンクン・ガーデンの技法とインメディアシーの原理

次に街並みの構成という見地から、サンクン・ガーデン(低い庭)の技法について述べてみたい。

入り隅みの空間について前述したように、質の高い閉鎖的な外部空間をつくるためには、四辺の隅角が建物の外壁によって取り囲まれていることが必要であった。ところが今世紀になって敷地の一部を道路面より掘り下げて、低い庭、いわゆるサンクン・ガーデンにすることによって、閉鎖性のある外部空間をつくる方法が考えだされてきた。このサンクン・ガーデン方式の外部空間のうち、先駆的でありしかも成功した実例は、ニューヨークのロックフェラー・センターであると考えられる。ここはニューヨークに住む人々にとって馴染み深い場所であるのみならず、ニューヨークを訪れる世界中の人々にとっても、少なくとも一度は訪ねる必見の場所である。このロックフェラー・センターは、五番街(5th Avenue)と六番街(6th Avenue—Avenue of the Americas)との間、W48ストリートからW51ストリートの間の三ブロック、約五万平方メートルの敷地にある。この複合的

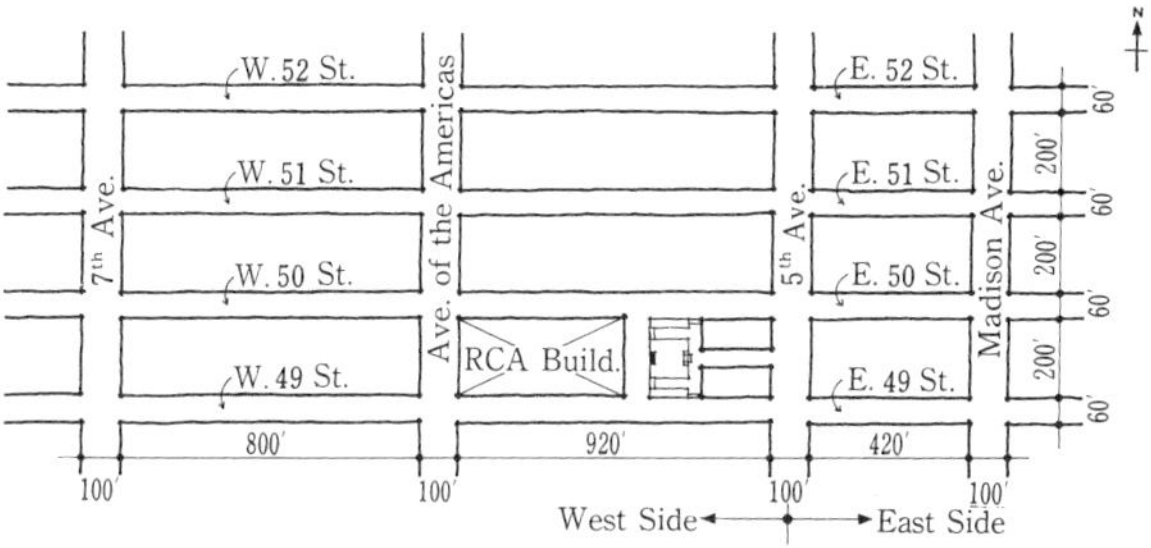

図25　ニュー・ヨーク，マンハッタン地区の街区割り

ブロックの大きさ

200フィート×800フィート	6th Ave./7th Ave./8th Ave./9th Ave./10th Ave.
200　×920	6 th Ave./5th Ave.
200　×420	5th Ave./Madison Ave./Park Ave.
200　×405	Park Ave./Lexington Ave.
200　×420	Lexington Ave./3rd Ave.
200　×650	3rd Ave./2nd Ave./1st Ave.

な建築群と外部空間は一九三一年から一九四〇年の間につくられたもので、私は一九六〇年にこの広場の周辺を実測しながら仔細に調査したことがあるので、この空間構成がなぜ人々に親しまれて今日に及んでいるのかを説明してみたい。

ニューヨークのマンハッタン地区は、原則的に一〇〇フィート幅の南北に走るアヴェニューと、幅六〇フィートの東西に走るストリートとによって、二〇〇フィート×八〇〇フィートの街区が形成されている(図25)。フィフス・アヴェニューを北にのぼって行く場合、右側は東、イースト・サイドであり、左側は西、ウェスト・サイドと呼ばれている。二〇〇フィート歩くごとに、ストリートが、アヴェニューと交叉する。フィフス・アヴェニューの左側を北上して、W49ストリートにぶつかって、さらに七一フィート六インチ進むと、そこに五七フィート幅の遊歩道が左側にひらけてくる。この遊歩道を、チャンネル・ガーデン(Channel Garden)と呼び、幅は五七フィート、長さは二〇一フィートほどあり、両側に五階建のラ・メーゾン・フランセーズ(La Maison Française)と、ブリティッシュ・エンパイヤー・ビル(British Empire Building)があり、ともにセット・バックして七階建となっている。この遊歩道の空間の断面をとってみると、$D/H \fallingdotseq 0.7$程度の数値であり、前述したとおり$D/H<1$であるため、かなり迫った狭い空間である。ところが、この遊歩道の末端には空を圧するようなRCAビル(地上七〇階、高さ八五〇フィート)が配置され、おのずと視線はこの$D/H \fallingdotseq 0.7$の迫った遊歩道の空間沿いに上へ上へとのぼり、RCAビルを眺めるための望遠鏡の鏡胴のような作用をする。建築配置計画の観点から言うと、この迫った遊歩道のありかたと空を圧するRCAの超高層ビルとの関係は、卓抜であり、高いものをさらに高く見せる都市空間の演出として優れていると思われる。また両側の五階建の建物と前面のRCAビルの間に大空がちらりと見えて、空間の切れ目を感知させる。すなわち、RCAビルの前に何かがあることを予知させる構成である。その何かは何であろうか。さらに遊歩道を前進すると前述の二つのビルとRCAビルははっきりと遊離して、前面中央に

褐色の花崗岩の壁画を背景に金色のプロメテウスの彫刻が視界に入る。さらに前進すると、突如、低い広場《ロワー・プラザ》が下に見える。ここで何かがはっきりと視界に入る。何かとはこのロワー・プラザのことであり、ここには街路以外の都市的機能が与えられていて街に活気を与えているのである。すなわちこの低い広場は冬はアイス・スケート場となり、その他の時期は屋外レストランになり、大勢の街を歩いている人々はこのあたりにとどまり、下の広場の活動を手すりにもたれながら眺めるのである。街路に単なる交通という機能以外に、とどまったり、話したり、眺めたり、食べたり、スポーツをしたりする機能が与えられると、街が急に活気をとりもどすのである(写真20・21)。

また、このロックフェラー・センターで最も重要なことは、敷地の一部が道路面より下げられているという事実である。フィフス・アヴェニューからW49ストリート、またはW50ストリートを通ってRCAビルの正面入口に達するのには、一つも階段を通らなくて平坦に行けるのにたいし、フィフス・アヴェニューから、前述の遊歩道を通って、同じ場所に出るには、どうしても四つある階段のうちのどれか一つを通らなくてはならない(図26)。ということは、よく考えてみると、この遊歩道が前面に向ってゆるやかに傾斜しているということである。ここをしじゅう通っている人々でも、この傾斜に気がつかないほどに、うまく坂になっているのである。このことによって、このRCAビルの前庭は一段と他の部分から低くなって質のよい閉鎖空間をつくりだすことができているのである。さらに、

①
②
④③

写真 20　ロックフェラー・センターの夏景色

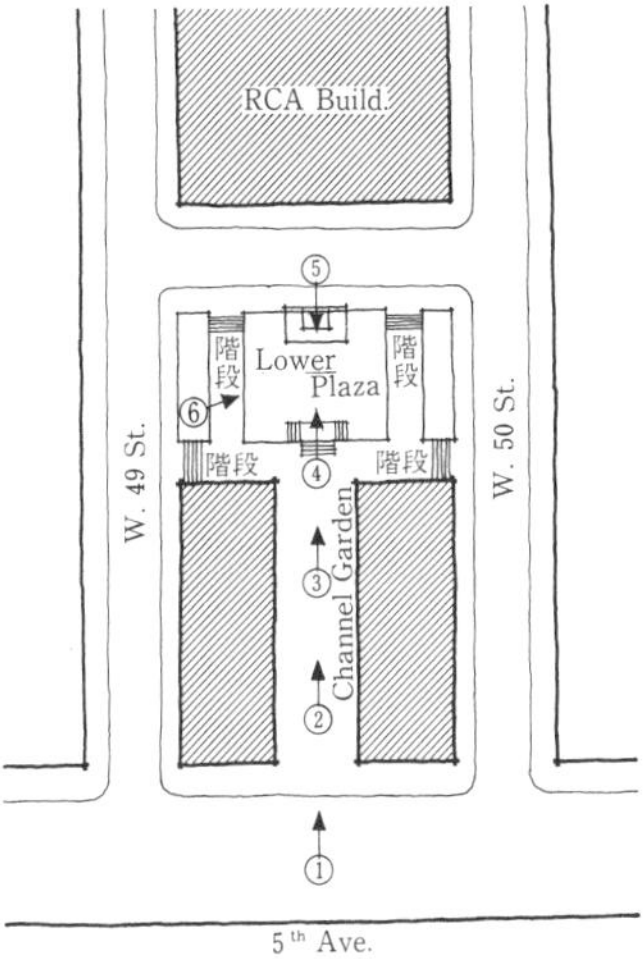

図 26　ロックフェラー・センター平面図　①②③…⑥はそれぞれ撮影した位置を示す．①〜④はロックフェラー・センターの夏景色でロワー・プラザは傘を立て，レストランになっている．⑤⑥は同じ場所の冬景色で，ロワー・プラザはアイス・スケート場となり，ニュー・ヨークの人気の場所となっている．

⑥⑤

写真 21　ロックフェラー・センターの冬景色

その一部はロワー・プラザとして低くしてある。敷地の一部を高くすれば「出隅み」の空間となるのに対し、敷地の一部を低くすることによって、四隅がかためられ、前述したように「図」としてのゲシュタルト質を形成し、屋外でありながら充実した室内のように入り隅み空間をつくっているのである。サンクン・ガーデンの技法とは、このように、イタリアのピアッツァのような空間の充実さを、周辺の建物のかわりに隅角を側壁でかためることによって比較的容易に保証してくれるものである。

一九六〇年になると、このロックフェラー・センターの西側、六番街沿いにニュー・ロックフェラー・センターとして次々と高層建築が建てられた。それらはおのおの高層棟の脚もとに公共的オープン・スペースをもっている。そのことによって、容積率は一五〇〇%から一八〇〇%に増加されているが、これはわが国の最大容積率九〇〇%の二倍もの驚くべき容積(延床面積)をもっている。最初のタイム・ライフ・ビルにはサンクン・ガーデンはないが、マックグローヒル・ビルにはサンクン・ガーデンが計画されていて、ニュー・ヨークには、容積制と共に、このサンクン・ガーデンの技法が定着してきたということができる(写真22・23)。最近になってロックフェラー・センターは再び人気をとりもどしてきたようで、バーナード・スプリングも述べているように、(13)戦前につくられたロックフェラー・センターに勝るものは、その後まだ出現していないという評価もあるほどである。二十世紀になって再現したバロック的な左右対称の配置計画のロックフェラー・センター

写真22　ニュー・ヨークのサンクン・ガーデン(マックグローヒル・ビル)

が、今や名実ともにニュー・ヨークの外部空間の古典として市民生活と切りはなすことはできなくなったのである。

次に都心における公園のありかたと、インメディアシー(immediacy)の原理について述べてみたい。

造園家は都心に公園を計画するとき、領域的に自己完結的な独立した空間を求める場合が多い。そのために、公園の周辺を大きな樹木や柵、塀等で取り囲み、周辺の道路や環境から遮断する。これはわが国の伝統的な庭園の技法によるものであり、東京で言えば新宿御苑、六義園、小石川植物園のような閉鎖式のものである。このことによって、庭園や公園の内部には周辺道路の喧騒から断ち切られた静寂で孤立した空間をつくることができ

写真 23　ニュー・ヨークのサンクン・ガーデン(GM ビル)

るかわり、周辺の環境とは領域的に孤立したものとなる。東京にある半閉鎖式な典型的な実例は日比谷公園であろう。日比谷公園は東京の都心のきわめて枢要な位置にあるわりに、都民にとっては親しみの薄い公園であろう。その周辺の道路を通るとき、大きな常緑樹が周辺の近くに密生していて公園の中を見通せない。領域的に考えると、この公園は周辺の樹木を境界として、自己完結的に内部に向って収斂している空間である。であるから、たまたま公園の内部に入った人々にとっては思いがけない都心のオアシスのような場所である。これはニューヨークのセントラル・パークや、パリのブーローニュの森の公園や、ローマのボルゲーゼ公園のように、自然景観を中心としてきわめて広い敷地にまたがった自然公園としてそれ自身が独立している場合に適当な手法である。それに対して日比谷公園は、南北五〇〇メートル×東西二九〇メートル、一部三三〇メートルという規模から言って、独立した自然公園とするには小さすぎるし、その都心中の都心という位置から言っても、孤立することは不適当である。むしろ自己完結的に孤立しないで、前面の日比谷通りや、周辺の道路と一体化した都心の積極的に役に立つ外部空間であることが望ましいと考えられる。サンフランシスコのユニオン・スクエアーや、ニューヨークのワシントン・スクエアーのように周辺の道路と一体化した昼夜を分かたず使用できるものを参考にして、周辺の環境と一体化した空間というものはどのようなものを意味するのか、一つの提案について申し述べてみたい。

それにはいくつかの条件がある。第一にかけがえない都心ということから昼夜を分かたず使えること、特に夜間のひとり歩きもこわくなく夜間に積極的に利用できること。第二にこの周辺を通過する多数の人々にも、この外部空間が視覚的に働きかけて、一体的な意味をもつこと。第三に都心の街並みとしての積極的な演出があり、都民のみならず東京に上京してくる地方の人々にも、海外から来日する人々にも、真に東京の名所として愛されるものであること。以上の三条件から言って、日比谷公園を、周辺に樹のある都心の公園という消極的な意義を脱して、より積極的な日本の代表的な外部空間とするにはどうしたらよいかを考えてみたい。

第一の昼夜特に夜間の利用という条件から言うと、この公園がよく見渡せて死角がなく明るいことが必要で、周辺に樹木を植えると塀のように作用して見通しが悪くなる。そこで樹木の配置を内部が見通せる程度に考え直す。西欧によくあるように全面を芝生にするのも一案であるし、サンクン・ガーデンにして視線を低め俯瞰景にするのも一案である。第二の条件は、都心のありかたに関する新しい考えかたであり、第一の条件と同じように見通しをよくすることによって解決できる。一辺が五〇〇メートルもあるということは、徒歩者のみならず自動車によってそのわきを通過する人々に対してさえも視線が樹木によってさえぎられず公園の中の活動を知らせることができる。第三の条件として東京の名所であるためには、機能性と芸術性によって魅力あるものにするのがよいと考える。

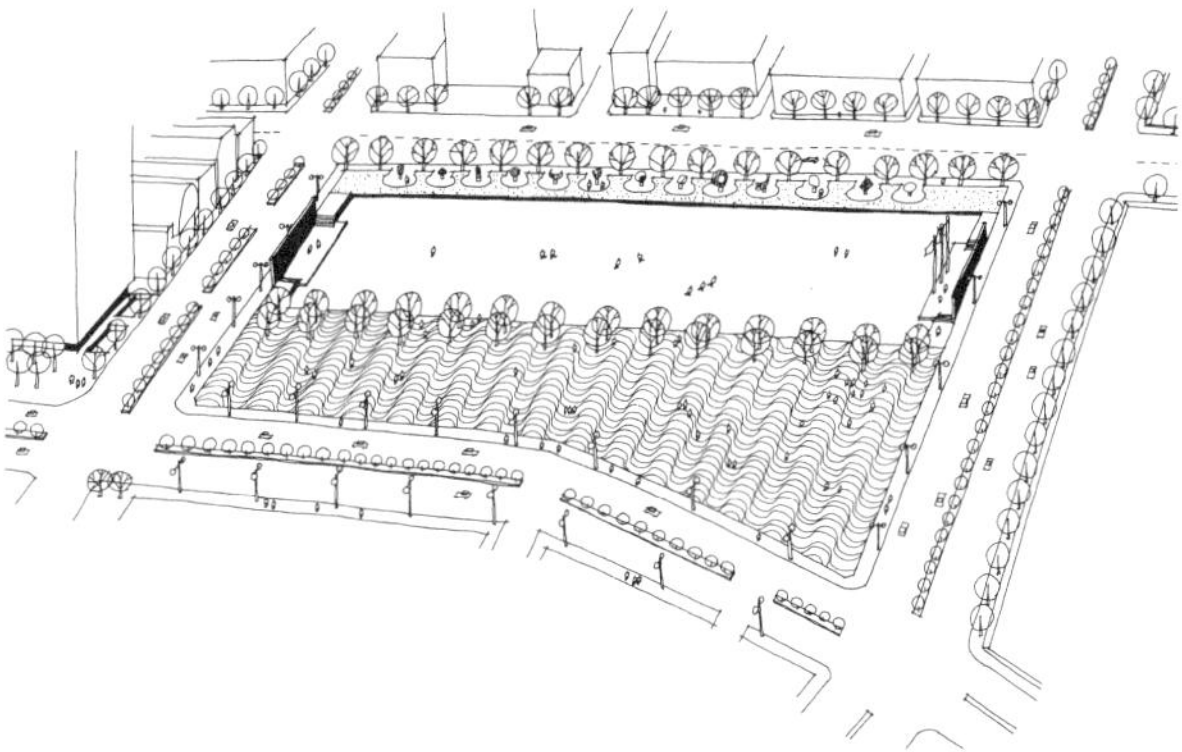

図27　日比谷公園改造案

そこで公園東側の幅一〇〇メートルほどをリオのコパカバーナやイパネマの海岸のように美しい模様のある舗装をほどこして遊歩道《プロムナード》とする。次にこの遊歩道沿いに全面を水面にする。冬はロックフェラー・センターにならって都民が無料で滑れるアイス・スケート場とし、その他の期間は浅い湖水として鑑賞する。西側道路沿いを約五〇〇メートルの長さにわたり、屋外彫刻広場とする(図27)。東京都は世界中の若い新進作家に場所を提供し作品を西側に数メートル間隔に数百点配置する。このように都心を機能的に芸術的に積極的な演出をすれば、都心は再び活性化され昼夜を分かたず人々に愛されるようになるであろう。現在のように、そのわきを何度となく通過しながら一度も入ったこともなく、また都民の関心の持ちにくい空間は、見通しのきくこと、その空間に安心して入れ、その周辺の道路と視覚的に領域的に一体化することによって、その中の活動を知り、真の都心となることができるのである。これは、ほんの一つの提案にすぎない。日比谷公園を消極的な空地から積極的に活性化するために、世界中の名案を募集し国際懸賞設計に付するのも一方法である。それだけでも日比谷公園の名を世界に高からしめることができるであろう。

さて、このような提案は造園家にとっては、きわめて当を得ていないものと考えられようが、もし、造園家が一段と広い領域性に立脚した見地から境界線を公園の周辺より拡大して考えられるならば必ずしも当を得ていないとも言いきれまい。造園家よりは建築家の方が領域性が広く、建築家よりは都市計画家の方がさらに広い領域性という見地から空間を把握できるという宿命をもっていることは一般的に事実のようである。例えば、日比谷公園だけのことを考えないで、皇居前広場や濠端に沢山の樹木を植えて緑化し、人工的な日比谷公園との対比において都心の広域計画をすることができるなどはその一例である。外国や地方自治体は、美術館や音楽堂のような室内空間や樹木の生えている公園の建設のみならず、積極的に都心に外部空間をつくり、街を楽しく美しいものとする努力が必要となってきていると考えられる。ヨーロッパの諸国がルネサンス期以来、美しい都市の外部空間をつくってきた事実にかんがみて、わが国でも遅まきながら俯瞰景や見通しのきく街造りのルネサンスを迎えるべきなのである。最近、樹を植えさえすればよいという考えかたがあるが、樹も植えかたによっては街並みの構成を阻害することがある点に留意すべきである。

また、都心の公園や外部空間[14]について新しい二つの重要な考えかたがあらわれてきた。一つは空間のインメディアシーということであり、今一つはヴェスト・ポケット・パーク(vest-pocket park)ということである(写真24・25、図28・29)。インメディアシーというのは、「視覚的に連帯していること」、「近くにあること」、「すぐに手のとどくこと」を意味している。ヴェスト・ポケット・パークというのは、チョッキのポケットにも入れることができるほど小さいことを意味し、ここでは小さい公園のことをいうのである。ヴェスト・ポケット・パークという言葉は、ニュー・ヨークではじまった。このことに関し、セイモアーは次のように述べている。「ニューヨークの商店街の中心でマンハッタンを五マイルほど上ったところに、市でもっとも新しいヴェスト・ポケット・パークが出現した。一九六七年五月二十三日に開園したこのパレイ・パーク(Paley Park)はわずか十分の一エーカーほどの敷地にあり、すでに市のランド・マークの一つになっている。そこは買物客、勤め人、近くに住む人たちが憩いの場として利用するだけでなく、わざわざ訪れる人々もあって昼夜の別なくいつも人で一杯である。パレイ・パークの焦点とも言うべきものは敷地のいちばん奥にある高さ一二フィートの人工の滝で、それはある一定の眺めと響きをつくり出す一種のバック・グラウンドを構成している。この小公園はその他一二フィートの間

写真 24　パレイ・パーク

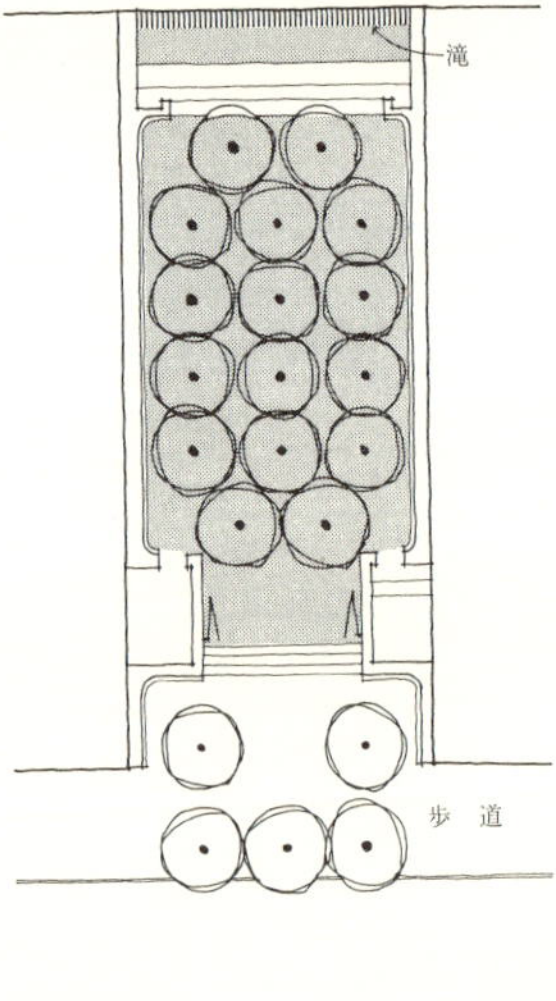

図 28　パレイ・パーク　平面図

写真 25　グリーンエーカー・パーク

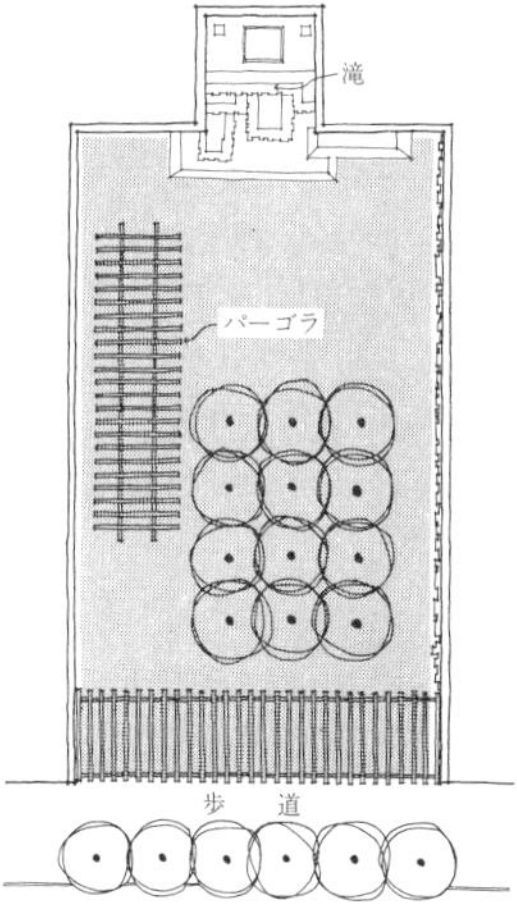

図 29　グリーンエーカー・パーク　平面図

隔で、〟にせアカシア〟の樹が植えられていて、その生い茂る葉陰の下には従来の公園のベンチに代って椅子と机が置かれている」(15)と。

一九六三年の五月にニュー・ヨーク市の公園協会は都心部に小公園が必要であることを訴える協会主催の展覧会を開いたという。当時駐車場に使われていたマンハッタンの中心の四〇番街、五一番街、五三番街にヴェスト・ポケット・パークをつくるべく提案された。この展覧会は静かな反響をひきおこした。ニュー・ヨークの公園課は非現実的だとして無視した。反対派の首領は名高き公園局長ロバート・モース彼自身であった。その時、CBS元会長であったウィリアム・パレイの財団が積極的に協力して、フィフス・アヴェニューとマジソン・アヴェニューの間E53ストリートに、パレイの名を冠した小公園が建設されたのである。この小公園はニュー・ヨークを知っている人々なら誰でも気がつくように、E53ストリートのフィフス・アヴェニューとマジソン・アヴェニューとの中間という、まったく人通りの多いマンハッタンの都心に位置している。たった一三メートル×三〇メートルの敷地に前述したような滝があるだけのものである。なんと言っても、この小公園がニュー・ヨーク市の話題となったのは、その位置が、東京で言えば、銀座の大通りか並木通りにつくられたということであろう。この小公園にはインメディアシーがある。すぐに行ける。そばにある。手近である。道と一体化している。否、道の一部である。たとえ小さくてもよいから開かれていて手近にある方が、大きくて行きにくい閉鎖的な公園よりよ

写真 26　トレヴィの愛の泉　海神ネプチューンが2頭の馬と半人半魚の海神に先導されている後期バロック建築の傑作として，建築と彫刻と噴水が一体化し，そのインメディアシーのあるゆえに，今日でもローマの焦点の一つである．

写真27　ラヴジョイ・プラザ――ポートランド

いというのが、ヴェスト・ポケット・パークとインメディアシーの相関関係である。わが国でも皇太子成婚記念の噴水のある小公園が東京の皇居前にある。これは位置にインメディアシーがないため、すぐわきを通る人々にもあまり知られていない小公園である。しかも周辺に樹木を植えて外から見えないようにしてあるため、さらにインメディアシーを失ってしまっている。ローマを訪ねる人々が必ず訪ねるトレヴィの愛の泉(写真26)やイスパニア階段は、バロック的な美しい景観であるのみならず、ともに街に向って開かれているのでインメディアシーがあるのである。そして世界中の人々に知られ愛されていることを忘れることはできない。

写真28　フォアコート・プラザ――ポートランド

アメリカの都市では最近、インメディアシーのある小公園や都心の外部空間が増加してきた。ローマのトレヴィの愛の泉のアメリカ現代版はポートランドのラヴジョイ・プラザ(Lovejoy Plaza)(写真27)であると言われている。さらにポートランド市は、同じ造園家ローレンス・パルプリンに依頼して第二の水の広場、フォアコート・プラザ(Forecourt Plaza)(写真28)をつくった。この広場は周辺にオフィス・ビルが取り巻き、その間を自動車が走る。夜は滝壺にしかけられた照明により、これまた見ごたえがある。街の真中の広場がこんなに市民に親しまれるのはインメディアシーがあるからにほかならない。

また、最近完成したいかにもアメリカらしい公園は、シアトル市の中心を通過する

写真 29　フリーウェイ・パーク――シアトル

高速道路の上につくられたフリーウェイ・パーク(Seattle Freeway Park)(写真29)であろう。ビジネス街にあるこの公園は高速道路の上という制約をたくみに解決して、高く低く進行に従って次々とくりひろげられてくる緑と水との空間である。都心に公園をつくるに当って敷地入手の困難なわが国には、多くの示唆を与えてくれる手法である。

アメリカの大都会にはニュー・ヨークのセントラル・パークのように八三〇ヘクタールもある大公園もあるが、最近では都心にインメディアシーのある小公園が数かぎりなく誕生し、ヨーロッパの公園や広場とはまた一味ちがう都市の外部空間の構成に貢献している事実に注目すべきであると考えられるのである。(16)

7　建築の外観の見えかたに関する考察
――第一次輪郭線と第二次輪郭線――

繰り返し述べてきたように、建築の外部と内部を区画する境界線はきわめて重要なものである。そのありかたによって、建築の外観、さらには街並みの構成も異なってくるのは前述したとおりである。西欧の建築は組積造の厚い石や煉瓦の壁がこの境界線となっている場合が多く、街並みの構成もしっかりしている。また、市民も永い歴史の経過のあいだにこの街並みに愛着と親近感をもつようになっているのである。たとえば、私自身が実際に見た例でもポーランドのワルシャワの都心部は第二次大戦によりすっかり破壊されたにもかかわらず、再びもとどまったく同じ外観の建築を建てているという事実がある。またベルギーのアントワープの都心の住宅地では、老朽のため建物をとりこわして再びもととまったく同じものをつくっている。ただ両者の場合でも地下には高速道路を新設するとか、地下駐車場を建設するとかいうイノベーションは当然ながら存在している。そして建築の内部はまったく近代化され新しい住いの形式がつくられていることは勿論であるが、外観はまったく同じ街並みである。このことは、市民の建築や街並みに対する期待というもののが、建築の「内部」と「外部」とを区画する境界線である外壁のありかたが昔とまったく同じであること、建築の外観が周辺環境を決定することを確信しているという事実を示す。組積造の歴史では前述したヴィジェーヴァノの教会のファサードのように、ルネサンス期以降にバロック様式によってつくりかえ、街の外観をととのえるという手法がある。また、ミケランジェロやダ・ヴィンチも建物の正面の壁だけを新しくやりかえるような仕事を手塩にかけているのである。

それに対して、わが国のように木造軸組工法の歴史をもった国では、境界線である外壁に透過性があって不安定であり、建具や木格子、木羽目がはめてあって、いかにも一時的なものであり、街並みを強く決定する要素にとぼしい。建物が寿命がきてとりこわされる時は、外壁だけでなく全面的に建築がとりこわされる場合が多いのである。それというのは、外壁は建築の全体の構成の一部であり、木造建築の伝統では外壁をこわせば全体もこわれてしまうのである。

ヨーロッパでは先祖代々数百年にわたって住んでいる家が多くある。組積造建築は、夏期に乾燥するため開口部が小さくても住めるので、圧縮力に耐える構造体として寿命が長く、塗装を塗りかえたり設備を補強するだけでも数百年も使用に耐える。木造建築は一見簡単な構造のように見えるが、圧縮力のほか曲げモーメントや引張力にも耐える架構のため、部分的欠損に弱い。一代限りとして償却を考えるとまことに住居費は高額につく。また、一生三度も新築することができれば成功者であると言われるほどに、新築の経験をもつ人々がわが国に多いことから考えて、わが国の住居費は生活する実年数で割って考えると莫大なものとなる。そして、住いはこの世の仮りの宿りであるという考えが伝統的にあり、新築の木の香や新しい畳に対する愛着を持っているという点でも、建築を永遠のものとして、その街並みの構成を過去のものと同じものにしようとするようなヨーロッパ的な考えかたは、定着しにくい。

さて、街並みの形成にあたっては建築の外壁が重要な役割を果たしていることは論をまたない。イタリアやギリシャの組積造の建築においては、逆な言いかたをすれば、建築の外壁こそが街並みを決定しているのである。それにひきかえ、わが国の商店街等の街並みを観察すると、そで看板のような建築の外壁から突出しているものが非常に多く、視覚構造としての街並みを決定しているものは建築の外壁ではなく、これら突出しているものである場合が多い。その上、その突出しているものの中には一時的な目的のものや、ひらひら動くものまであって、固定的で安定した街並みの視覚構造をつくることをますます困難にしている。大売出しや、新着映画、新発売レコード等を宣伝するための大きい垂れ幕や、春や秋の売出しのための桜の花や紅葉のプラスティック製の飾り、道路にとびでた置き看板等のような、動いたり臨時的なものから、鈴蘭灯、電柱、電線、電柱看板のような道路の邪魔ものや、高く、低く、折り重なって見えるそで看板にいたるまでそれはそれは種々雑多である。その上、本来機能的であり美的であるはずの交通標識のサインまで、まったくしつこいまでに繰り返し繰り返し取り付けられている。もし、そで看板が横に一メートルとびだしていると仮定して平面幾何学で解析すると、二七度の視角で見れば $\tan 27^\circ = 2$ で二メートル、一八度で三メートル、看板に平行に見れば、無限大の距離だけ建築の外壁が見えなくなる理屈である。であるから、道路が狭ければ狭いほど、そで看板によって外壁は見えにくくなるのである。

　このようにわが国の街並みでは建築の外壁はほとんど見ることができず、街並みを規定するのに建築の外壁はなんらの影響もあたえていない。むしろ、外壁から突出しているものが街並みを形成しているのである。ここで建築の本来の外観を決定している形態を、建築の「第一次輪郭線」と呼び、建築の外壁以外の突出物や一時的な附加物による形態を建築の「第二次輪郭線」と定義するならば[17]、西欧の都市の街並みは建築本来の「第一次輪郭線」で決定されるのに対し、香港、韓国、日本等のアジア諸国の街並みは「第二次輪郭線」で決定される場合が多いのである。

　このことは、前述したイタリアの街並みでは道路がゲシュタルトの「図」を形成するほどに建築の外壁が強く作用しているのに対し、日本の都市の商業地区の場合は、外壁が「図」の形成をうながすほど強く作用しない上に、ひらひらするものや、突出するものが輪郭をあいまいにし、とうてい「図」となることを不可能にしていることを意味する。よ

写真 30　パリのガス灯

く言われるように、日本人画家もパリを描くと絵になるが、日本の街並みは絵にならないという。これは、「第一次輪郭線」は秩序と構造がはっきりしていて描きよいのに対し、「第二次輪郭線」は無秩序で構造化されていないため、絵にならないからであろう。

最近のビルのそで看板の中には、同じ大きさに秩序だって並べられているものもある。このような整然としてリズムのある突出物は、場合によっては、「第一次輪郭線」の中に組みこまれ、本来の建築の一部にとけこむことがある。また、等間隔に整然と並べられた街路灯や、建物に調和した酒屋の杉だまや、パリのガス灯(写真30)のように、建築の「第一次輪郭線」に取りこまれ、街並みの形成に貢献するものもある。エーゲ海の島々の街やイタリア南部の街なども、一見、輪郭が乱雑に見えるにもかかわらず絵となり、むしろ人間的な空間として芸術的な感銘をあたえるのは、それが「第一次輪郭線」から成立しているためである。顔中が絆創膏に繃帯巻きでは、とうてい美しい表情を見られないように、街並みの場合も、少しでも「第二次輪郭線」を少なくし、それらを「第一次輪郭線」の中に取りこむ努力が必要である。それらの努力が歴史的に積み重ねられているヨーロッパの街々を訪ねる人々が、美しく落着いた都市の景観に感銘するのはまさに当然のことであるといえよう。とにかく「第二次輪郭線」をできるだけ少なくすることによって、街並みをより美しくすることができるのである。

次に建物の外壁の見えかたについて言及したい。建物が道路沿いに立ち並んでいる場合、道路境界線ぎりぎりに視点を定めて建物の外壁を見る時に道路境界線より0メートルでは理論的には建物の外壁は視界に入らない。もし見えるものがあるとすれば、建物の外壁より突出しているそで看板のような第二次輪郭線のみである。境界線より逐次視点が離れるのに従って、建物の外壁の視界に入ってくる壁面量の割合が増加してくる。それに対してそで看板のような第二次輪郭線の見える面積量はあまり変化しないが、外壁の視界に入る面積は相対的に増加してくる。したがって、第二次輪郭線によって遮蔽されない第一次輪郭線の印象は増加してくる。言いかえれば、本来の建築のファサードは、道路境界線より離れれば離れるほど、はっきり認識され、かつ、突出物によって遮蔽される割合は減少する。さらに境界線からずっと離れて、ついに視線が建物の正面にきたとき、建物の正面の外壁はすべて視界に入り、側壁は視界に入らなくなる。そで看板のような突出物が壁面についていると仮定しても、その厚みのみしか視界に入らず、第二次輪郭線が最小となり、第一次輪郭線が最大となる視点である。このような建築の見えかたは、見る人に強い建物の印象を与え、街並みの景観を豊かにする。

さて、このように建築を正面から、その高さの二倍ないし三倍の距離($D/H=2\sim3$)の視点から鑑賞できるように配置することは、ヨーロッパのルネサンス期以降の街造りの技法であった。すなわち建築にその正面性(frontality)を与えてその本来の姿を強く街並みの景観として印象づける手法なのである。ヨーロッパの広場の景観にはこのような手法が

写真 31　建築の正面性——パリ，オペラ座

ふんだんに駆使され、建築の正面性が第一次輪郭線として強く作用しているのである。パリの街造りは道路のつきあたりに由緒ある建築を配置し、その建物を正面からヴィスタを以て見られるようにしてある。オペラ通りの正面にはネオ・バロック式の代表作シャルル・ガルニエのオペラ座が華麗な正面の姿を見せている(写真31)。この建築は、どうしても遠くの正面からだんだん近づいて見られるべき宿命をもっている。リュー・ロワイヤールに立てばマドレーヌ寺院の正面が見られ、後をふ

りかえってコンコルド広場の方向を見れば、道の正面中央にはオベリスクが聳立している。何よりも印象的なのは、シャンゼリゼー大通りの正面にはエトワール広場の中央に凱旋門が配置されていることである。この広場から放射状にのびる十二本の道路のうち、シャンゼリゼー大通りとその反対側のアヴニュー・ド・ラ・グランド・アルメ大通りだけからこの凱旋門のフロンタリティーを見ることができる。それによって他の十本の道路より主要道路としての優位が与えられている。このようなオスマンのバロック的パリ計画には近代都市計画の観点から時代遅れとして幾多の批判があったが、建築の配置計画の技法や街並みの構成の点から今一度このフロンタリティーを与える手法を見直すと、幾多の見ならうべき教訓が存在しているのである。パリがル・コルビュジエの提唱する「太陽、空間、緑」のある隣棟間隔のたっぷりした高層建築群だけになってしまったら、おそらく味けのない都市になってしまうであろう。パリには今日でも歴史の積み重ねによる魅力がまだまだ沢山あるのである。フロンタリティーの手法によりイメージァビリティーを増加させているのもその魅力の一つであると考えられるのである。

ひるがえってわが国の街並みの景観を見ると、閉鎖空間のなかの伽藍配置のようなものは別として、街の中で建築の正面性を十分に鑑賞しうる余地はなかったといっても過言ではない。街区割りが不規則であるため、思いがけないところに建物の正面の一部だけを見る場合がある。ここにいう正面性とは、建築の脚もとから上部までを正対して計画的に見る場合を言うのであって、偶然、建物の正面の一部だけを他の建物ごしに見る場合などのことを言っているのではないのである。東京タワーとエッフェル塔とを比較すれば、このことがすぐ了解されると思うのである。

さて、わが国の代表的な大通りである東京の銀座通りを一例として、その街並みの構成について分析してみよう。まず銀座通り一丁目から八丁目までの延約九〇〇メートルの道路について、「そで看板」が何列取り付けてあるかを調査してみる。同じ場所でも上下に重ねて取り付けてあるそで看板もあるから、それを一列と数えるほうがそで看板の個数を数えるより実情に近いと考えられるので、ここでは列数(N)として取り上げてみる。それによれば、銀座通り両側で別表1のように一九九列のそで看板が取り付けられていることがわかる。そのそで看板の占有する延面積(A)は一五二三平方メートルもあり、道路延長を(L)とすると$A/L=0.84\,\mathrm{m}^2$で、道路一メートルあたり〇・八四平方メートルものそで看板のあることを示す。また、$L/N=9.1\,\mathrm{m}$で、平均九・一メートル歩くごとにそで看板に遭遇することが別表1より判明する。そこでこの数値を参考にして一〇メートルごとに一メートル突出したそで看板が建築の壁面に取り付けてあると仮定して計算してみると、図30のようなグラフを作製することができる。このグラフと写真32によれば、道路境界線より三メートルぐらいまでは第一次輪郭線である建築の外壁面はほとんど見ることができない。六メートルぐらい離れると、そで看板で遮蔽される面積と実際に見える外壁面はほ

別表1　銀座通り　そで看板に関する調査(昭和53年8月現在)

場所	道路総延長 $(L)^{m}$	そで看板の総面積 $(A)^{m^2}$	そで看板の総列数 (N)	A/L^{m^2}	L/N^{m}
銀座1丁目～8丁目 西側	901	960	111	1.07	8.12
銀座1丁目～8丁目 東側	910	563	88	0.62	10.34
銀座1丁目～8丁目 東西側	1,811	1,523	199	0.84	9.10

別表2　銀座通り　街区別そで看板に関する調査(昭和53年8月現在)

場所		街区の道路長 $(L)^{m}$	街区のそで看板の総面積 $(A)^{m^2}$	街区のそで看板列数 (N)	A/L^{m^2}	L/N^{m}
銀座1丁目	西側	111	92	11	0.83	10.09
	東側	126	115	22	0.91	5.73
銀座2丁目	西側	111	153	17	1.38	6.53
	東側	111	104	8	0.94	13.88
銀座3丁目	西側	119	132	12	1.11	9.92
	東側	119	26	2	0.22	59.50
銀座4丁目	西側	94	79	7	0.84	13.43
	東側	94	55	12	0.59	7.83
銀座5丁目	西側	108	101	6	0.94	18.00
	東側	108	50	7	0.46	15.43
銀座6丁目	西側	113	169	21	1.50	5.38
	東側	113	50	6	0.44	18.83
銀座7丁目	西側	114	101	20	0.89	5.70
	東側	114	59	16	0.52	7.13
銀座8丁目	西側	131	133	17	1.02	7.71
	東側	125	104	15	0.83	8.33

ぼ等しくなり、その後、離れれば離れるほど第一次輪郭線の見える面積量は増加してくる。このような観察から、歩道は少なくとも三メートル以上ないと街並みの印象は薄くなることがわかる。

都心における中心街の街並みの景観をよくするためには、建築の第一次輪郭線をより見えやすくし、第二次輪郭線をできるだけ減らし、まず街並みの印象を豊かにすることが肝要であることから考えて、次のような提案をしてみたい。

(1)　都心の主要な道路はできるだけ広くすること。東京の代表的な道路は幅三〇メートル程度であるが、パリのシャンゼリゼーは幅約七〇メートルもある。道路の広いことにより前記の図表からもわかるとおり、建築の第一次輪郭線の視界に入る割合が増加する。

(2)　歩道の幅は前記の理由から少なくとも三メートル以上、なるべく広くすること。銀座通りの歩道はわが国では特に広いほうで約六・五メートル、同じくシャンゼリゼーでは一一・五メートルほどもある(図31・32)。歩道が広くなればその側に立ち並ぶ建築の第一次輪郭線の視界に入る割合が増加することは(1)と同じ原理による。歩道の広くなった極限における空間体験は、歩行者天国や交叉点のスクランブルにて、道路の中心まで歩を進めてあたりの景観を観察するときの心のときめきのそれである。また広くした歩道に、ベンチ、水呑み、噴水、屋外彫刻、公衆電話、街路時計、街灯、案内板等を調和

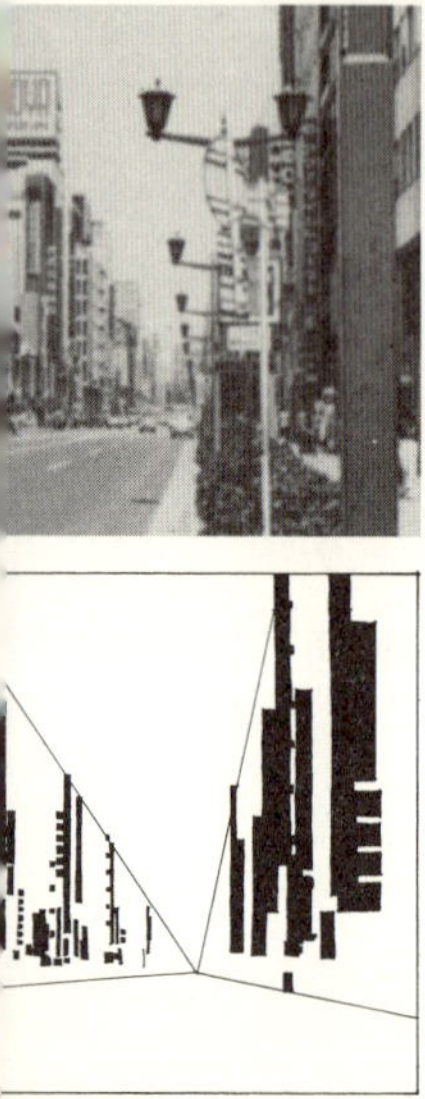

東6m
④

東3m
⑤

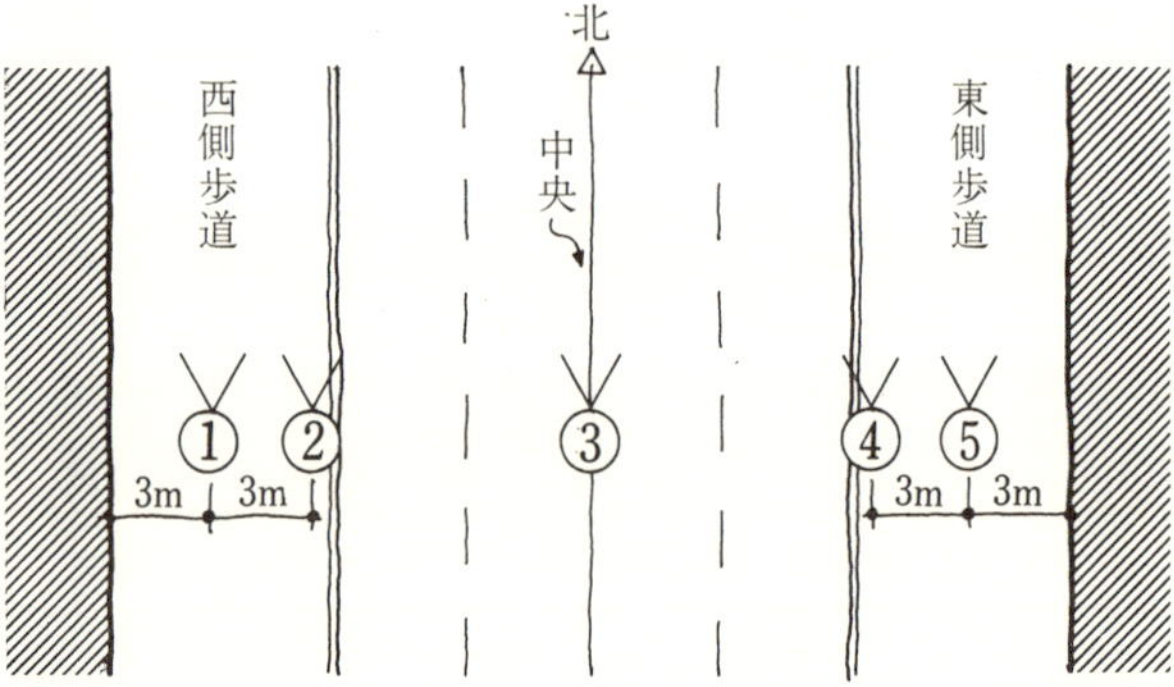

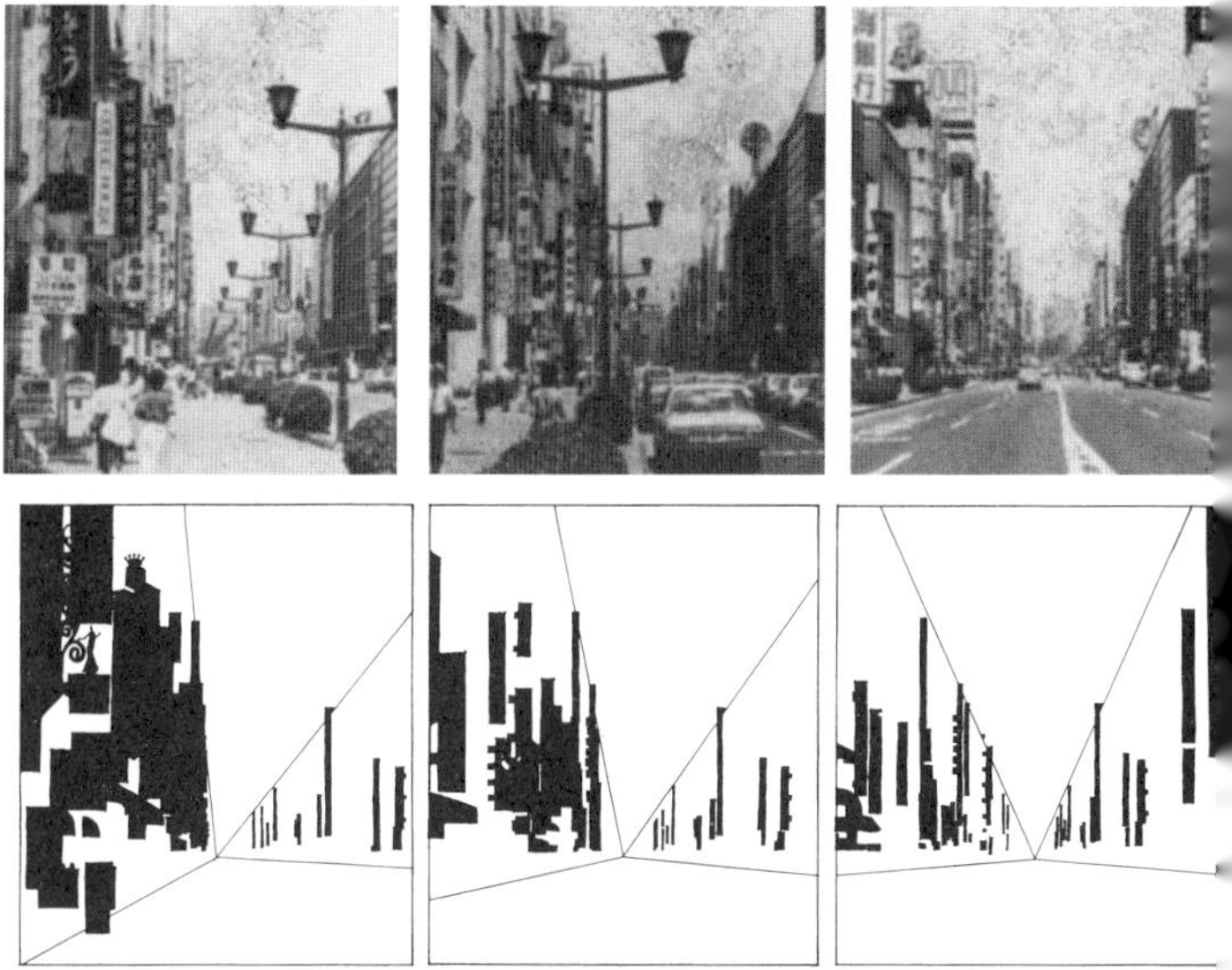

西3m ①　　西6m ②　　中　央 ③

写真 32　第 1 次輪郭線と第 2 次輪郭線の見えかた――銀座通り　上列の写真のうち，そで看板を黒く塗って下列の図のようにしてみると，西側境界線から 3 m の視点では，西側はほとんど黒くなり壁面は見えない．その割りに東側の壁面はよく見える．道路中央に近づくに従って東西の壁面の見えかたは多くなり，かつ均等になる．また東側に寄れば，上記と逆な見えかたになる．

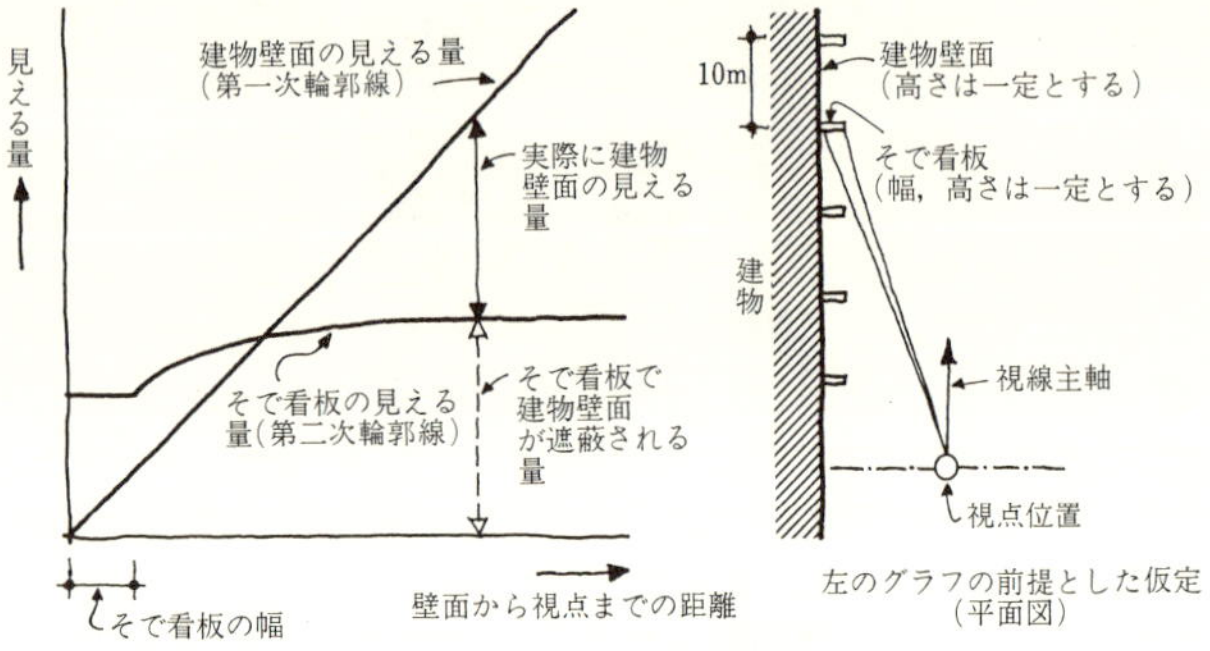

図 30　第 1 次輪郭線と第 2 次輪郭線の見えかた

よく配置し、道路に単なる交通空間から生活空間としての機能を与える。

(3)　第一次輪郭線を遮蔽する第二次輪郭線、特にそで看板を極力制限する。また、「入り隅み」の空間やサンクン・ガーデンの空間をつくることにより、街並みに変化とゲシュタルト質を与える。また、フロンタリティーやインメディアシーの原理を適用することにより、街並みのイメージァビリティーを高めるようにする。

さて、アメリカのミネアポリスの中心街は、この(2)の原理を適用して既成都市の活性化に成功した実例である。建築家フィリップ・ジョンソンは超高層ビルと他の中層ビルとの間にできた外部空間を大きなガラス屋根で覆い、「外部」のような「内部空間」をつくり、厳寒のこの地に、イタリアのピアッツァのような親密な空間、ニコレット・モール(Nicholet Mall)(写真33・34・35・36)をつくった。この

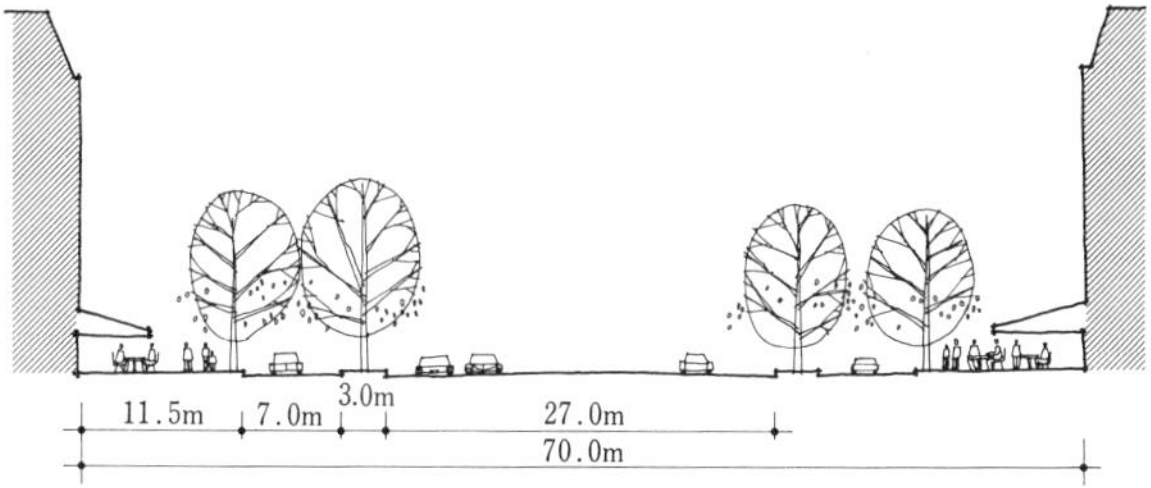

図31　シャンゼリゼー大通り実測図

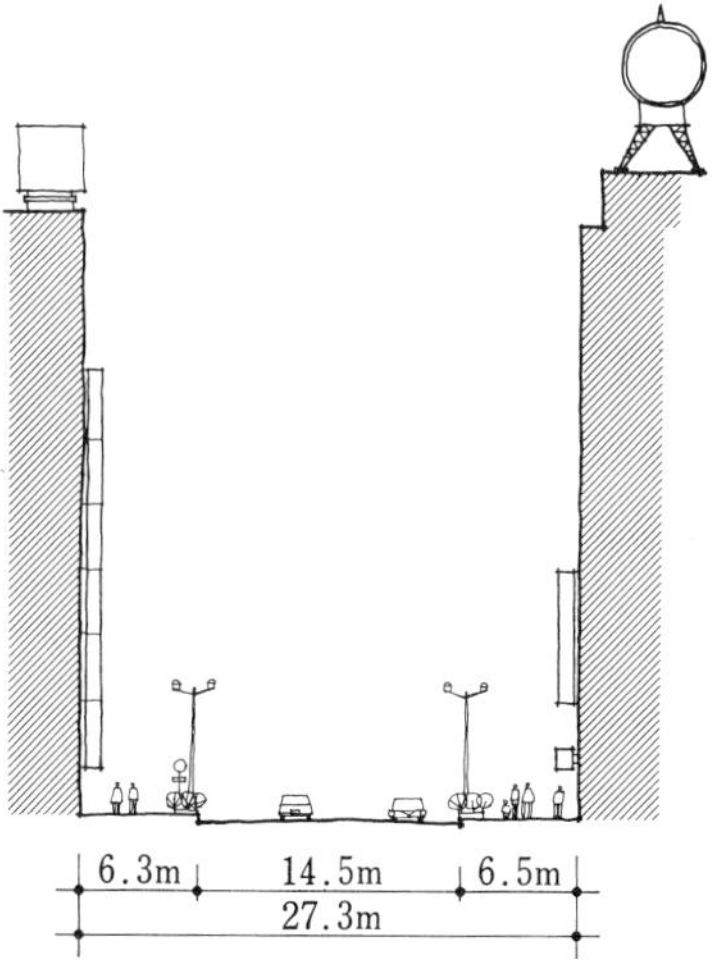

図32　銀座通り実測図

写真 33　ニコレット・モール

写真 34　ニコレット・モール案内塔

写真 35　IDS センター

写真 36　IDS センターからのスカイ・ウェイ

写真 37　ポートランド(オレゴン州)の歩道

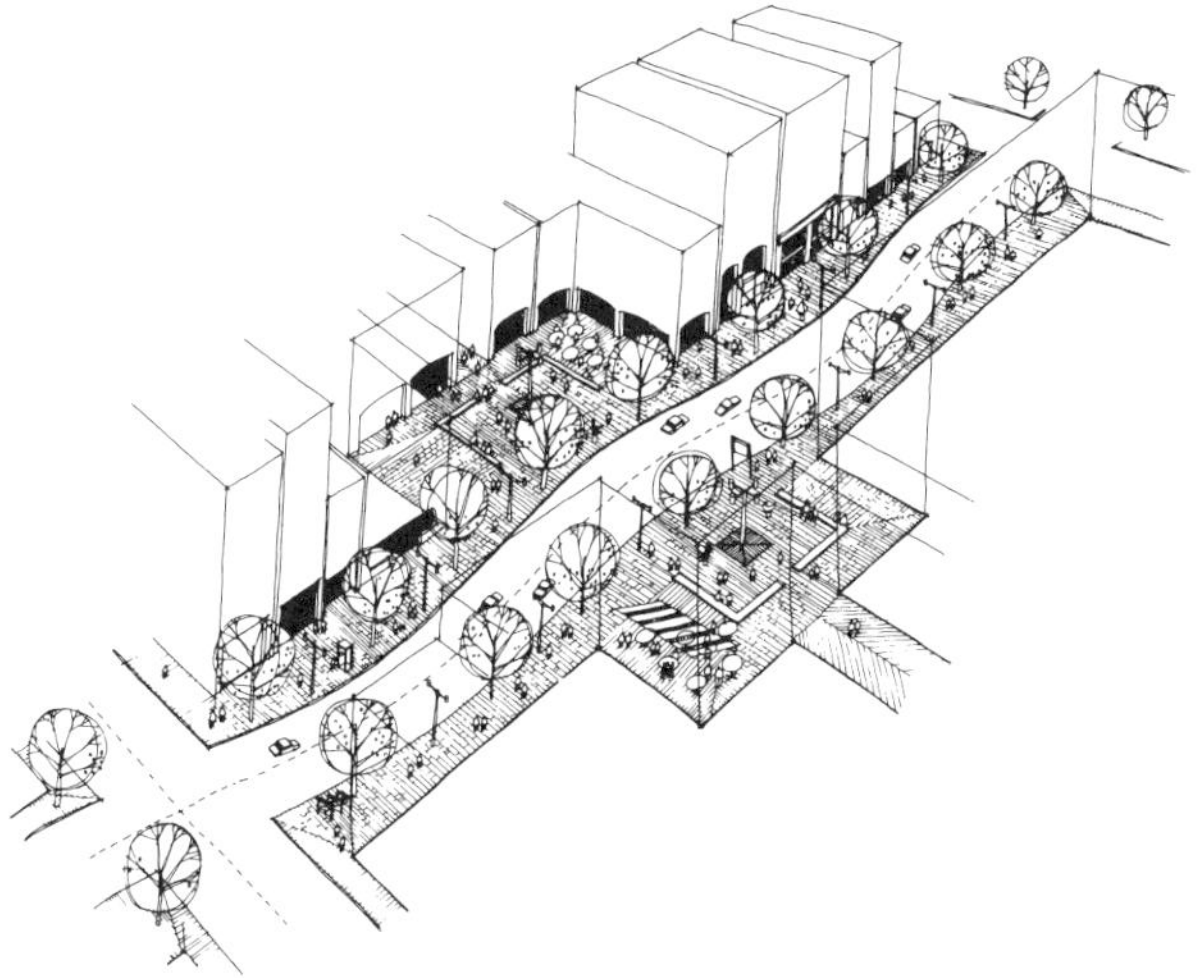

図 33　銀座通り改造案

モールの二階からは、道路の上空を渡る空中廊下――スカイ・ウェイ――をつくり、それが既設のビルを結びつける新しい交通システムとして冬の賑わいをうながすことができた。また、このニコレット・モールにつながる既存道路では一般自動車の交通を禁止し、バスのような公共交通機関のみを通す細いうねった車道をつくる。その他の道路の空間はすべて歩道とし、美しい煉瓦タイルの舗装をほどこした。その歩道の上には、バス待合所、デザインされた道路案内塔、屋外彫刻、噴水、時計、街路灯等を配置してある。これらの方法でミネアポリスの中心街は活性化され、アメリカの他の都市ポートランド、シアトル等の道路の歩道にも同じような手法を活用する契機をつくった(写真37)。このように歩道を広くすることは歩行者天国とともに歩行者を優先する考えかたの復活とも考えられ、街並みの構成としては注目すべき事柄なのである。

旭川駅前の幅二〇メートル長さ一キロにわたる買物公園は、わが国におけるこの種の考えかたにもとづく歩行者優先のショッピング・モールの貴重な実例であるが、ここでこれらの手法をさらに明確にするため、東京の銀座通りを一例として、都市再開発のような抜本的なものでなく、街並みの美学という見地からその改良案を提示してみたい。銀座通りの幅員は約二七・三メートル程度である。現在の敷地割りでは、大型の百貨店は別として、接道距離は一〇—一五メートルのものと、小型な敷地では五メートル前後のものが多い。また、街並みのイメージを雑然とさせているそで看板の総量は一五〇〇平方メートルにも及ぶことは前述したとおりで、まずこれを全部取りはらう。第一次輪郭線の見えかたは格段と向上し、街並みのイメージは強化される。わが国の代表的な表通りとして、銀座からそで看板取りはずしを実施してみてはどうであろうか。そこで、ミネアポリス方式にならって歩道の拡充と美化、「入り隅み」、「フロンタリティー」、「インメディアシー」の原理を導入して、図33のようなスケッチを提案してみたいと思うのである。

8　俯瞰景——見下ろすことの意味

都市景観における魅力の一つに、見下ろすということがある。見下ろすことにより、視線が迅速かつ的確に領域を把握し、見る人と街並みとを緊密に結びつけてくれる。

パリを訪ねる人々は、おそらくモンマルトルの丘に登るであろう。真白なサクレ・クール教会を背にして石の階段の手すりにもたれながら街を見下ろすと、そこにはパノラマのようなパリの街々が展開され、指呼の間にはエッフェル塔さえ見える。「これがパリだ。自分はとうとうパリにやってきたのだ」という実感がこの瞬間に湧いてきて、なんとも言えない感銘をうけるであろう。また、ローマには誰もが知っているように七つの丘があり、多くの教会の円屋根ごしに「ローマは一日にしてならず」という感銘と実感をうける場所がたくさんある。東京や大阪のような日本の大都会には、残念ながら街全体を俯瞰するそれがない。横浜や神戸のような港町には、いわゆる「港の見える丘」が存在し、訪ねる人々を思い出にふけらせたり感傷的にすることができる。香港のような例をあげなくても、多くの実例から言って、高い丘の上には恵まれた人々が住み、低いごみごみしたところには庶民が住みついているという事実は、やはり人々の住いの理想が見下ろすという景観と関係があると言えるのである。

おそらく、「見下ろす」ということ、「見上げる」ということには、それぞれ大脳生理学的に意味深いものがあると思われるが、ここでは「街並みの美学」としての視覚構造を視線の幾何学として、その意義をしらべてみたい。

アメリカのヘンリー・ドレイフュスは、空軍士官候補生一四〇〇人を対象に、操縦室の視野の上限、下限、適正な角度等をしらべた。彼の研究によると、立った姿勢の人間の視線は一般的に言って、俯角一〇度であり、坐った姿勢の人間では、その視線は俯角一五度であるという。[18] また、視野の上限は五〇度ないし五五度であり、下限は七〇度ないし八〇度であるという。[19] これはH・メルテンスの六〇度のコーンをもって視るというものより、さらに正確なデータであると考えられる。これによってもわかるとおり、人間は一般的に見上げるよりは見下ろすということが、人間の身体的構造から言って自然であると考えられる。

そこで、樋口忠彦の貴重な研究[20]を引用させていただこう。彼は東京タワーに昇って、大勢の被験者を対象に調査した結果、一五〇メートルの展望台においても二五〇メートルの展望台においても、見やすいと思われる俯角は八度ないし一〇度であることに気がついた。以上の研究とドレイフュスの研究とを勘案して、彼は俯角一〇度近傍のところは人間にとって見えやすい領域であり、俯瞰景における中心領域とし、多くの実例を分析している。たとえば、横浜における「港の見える丘」というのは、最近の実状からすると俯角一〇度の視線では手前の倉庫群にさえぎられて、一昔前のような感傷的な趣きはない。ただ単に海面が見えても俯角が少なかったり、建物と建物の切れ目から散見できる程度であって、「港の見える丘」としての一般的な価値は減少している。それに対して、函館山から函館港を望んだときの景観、特にその夜景はまさに感銘以外の何ものでもない(写真38・図34)。この景観は同氏の分析によれば、山頂を中心とした俯角一〇度の円弧がちょうど函館の市街地と港の海面とをかかえこんで、まさに「眼下にひろがる」というものである。同様のことは湖面についても言えるのであって、関東平野の湖面の見えかたは概ね俯角が少なくて平凡であるのに対し、北海道の湖面の見えかたは俯角一〇度のあたりで十分に湖面を眺められるようになっているのである。このような事例からもわかるように、景観として優れたものとなるためには俯角一〇度あたりで見下ろすということがその一つの要因であると考えられる。

一方、このことは視野の領域という分野からも考えられる。例えば屋外の階段について研究してみよう(図35)。階段にとって人間の立った時の眼の高さ、一メートル五〇センチ前後の高さというものは大変に意味のあるものである。もし眼の高さより階段が高ければ、上のB面は視線に入らないが、眼の高さより低ければ上の面B′は視界に入る。視界に入る

写真 38　函館山からの眺望

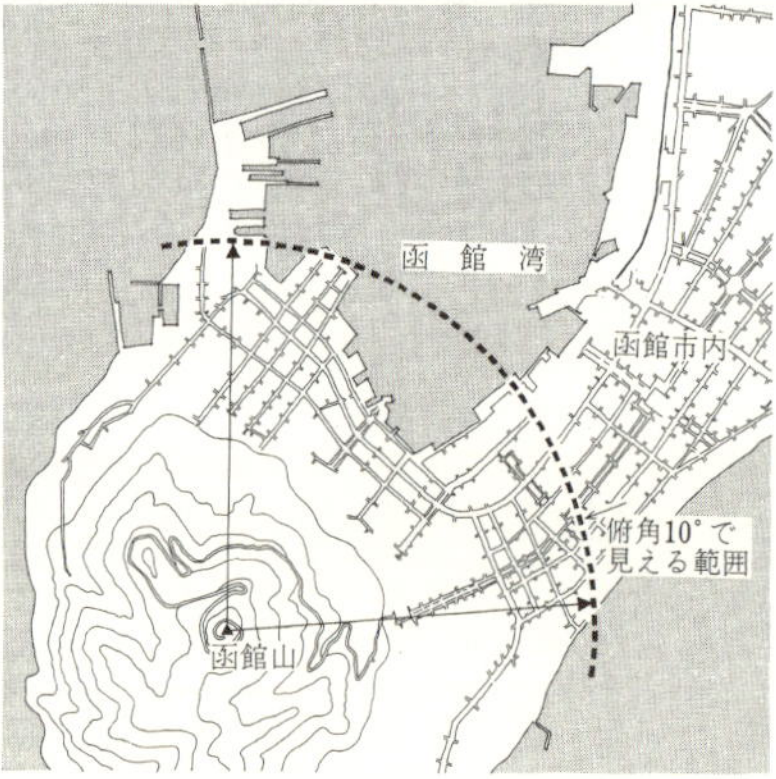

図 34　函館山から俯角 10° の領域

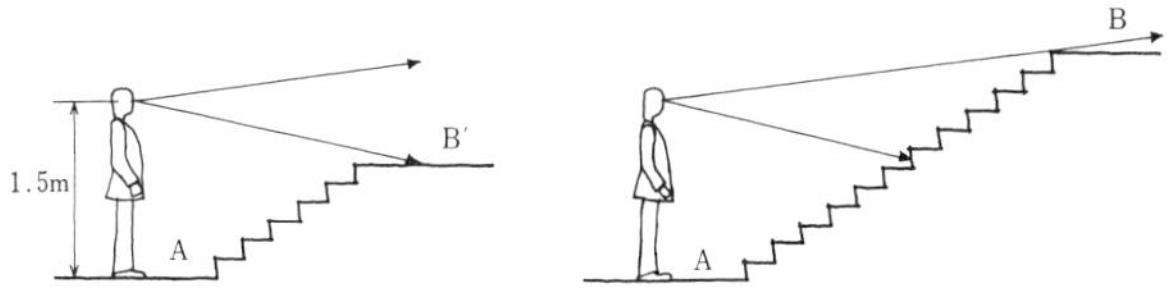

図 35　階段の高さと視野

ということは領域的に言ってAとBとが結合されることを意味する。しかしながら、もし視界に入らなければ、BとAとは視覚的に別々な領域に入る。神社の石段が急で段数も多く、領域的に区分して何事がおわしますのか下から判断できないようにして神社の森厳さを演出していることは、われわれの日常の経験するところである。

以上述べたように、都市の街並みにおいて俯瞰景をふやすことは都市の魅力を増加する上において効果がある。坂のある街、階段のある街、丘のある街、港の見える丘は、それぞれ心に焼きつく印象を人々に与えてくれるのである。街並みの構成として、できるだけ俯瞰景をふやすことを、ここに提案したいのである。

9　屋外彫刻のありかたの意味

わが国の道路は舗装の歴史も浅く、かつ、舗装の材料も貧弱である。また道路のアクセサリーともいうべき、街灯、ベンチ、標識等もきわめて立ち遅れているというのが現状である。これは「I　建築の空間領域」の「1　内部と外部」で述べたように、外部空間に対して伝統的に無関心であったからであろう。それに対し、前節「4　広場の美学」でも述べたように、イタリアにおいては外部空間には、われわれの室内のじゅうたんのようなきれいな模様があったり、床の間に飾る置物のような芸術品が配置されたりしている。ヨーロッパの都市の歴史では、特にルネサンス期より、外部空間を芸術的に修景することが、重要な都市のありかたであった。

パリのリュー・ド・リボリのように栱廊《アーケード》によって統一された街並みや、ベルリンのウンター・デン・リンデン通りのように軒高や建築線をそろえた街並みには、そろえることによって街並みを美しくしようという考えがあった。わが国の丸の内のオフィス・ビル街の理念も、そろえることによって成立する統一的な均整美に焦点があったと考えられる。

ところがアメリカでは都市計画の手法として、はやくから用途地域制のほかに容積地域制を採用してきた。これは、ある敷地に対し、その地域の係数に従って延床面積即ち建築の容積を規定する制度であって、建物の高さや建蔽率は必ずしも規定しないという新しい考えかたである。在来は、わが国でも丸ビルのように道路境界線まで敷地一杯に建物を建てるのがならわしで、その高さは商業地区で最高三一メートル(一〇〇尺)と定められていた。この丸ビルを同じ容積で高さを二倍にすれば、敷地の半分は空地としてあけることができる。高さを三倍にすれば、敷地の三分の二は空地としてあけられる。しかも延床面積は一定であるから、都市のありかたとして発生交通量は一向に増加しないわけで、この空地を有効的に利用して都市の魅力的なオープン・スペースをつくろうという考えかたである。実際には丸ビルでも中央に通風採光のための光庭があって、そのビルにとっては消極的に役に立つとしても、都市空間としては積極的に役立っていないということもあった。アメリカでも、初期の超高層ビルであるエンパイヤー・ステイト・ビルやクライスラー・ビル等にはこのような容積制の考えかたはなく、敷地いっぱいに建物が立っていて、都市の外部空間は成立していなかった。戦前のものとしては、前述のロックフェラー・センターにはこのような考えかたの萌芽が読みとれる。戦後のアメリカの超高層ビルのほとんどは、このような容積制の考えかたによっており、都市の外部空間として建物の脚もとを整備する実例が多くなってきたのである。この方法によると、建物と建物とは距離がはなれ、また軒線をそろえることも難しくなってくる。街並みの美学としては、また異なった理論によらなければならない。そこで、このオープン・スペースをどのように取り扱うのかということが重要な意味をもってくる。道路面より高くしたり低くしたり(サンクン・ガーデン)するのも一つの方法であり、水面や水の流れや滝を採用したりするのも一つの方法であろう。そのなかでも屋外彫刻を配置することは、西欧の都市のありかたとして広く一般に受けいれられている方法である。わが国の高層ビルのように、視線より高く広場をつくったりそのまわりに植樹をしてしまうと、せっかくの公共的オープン・スペースが道路面より隔てられ、閉鎖式外部空間となって、都市のオープン・スペースという意味がぼけてくる。

このような都市計画の手法から、彫刻家にとって福音ともいうべき、新しい屋外彫刻の時代がやってきた。アメリカの大都市はルネサンス期やバロック期を経ていないので、ヨーロッパの都市のような芸術性に欠けているという反省のせいか、ニュー・ヨークやシカゴのような大都会はもとより地方都市でも、沢山の近代的な超高層ビルの脚もとには必ずといってもよいほど屋外彫刻が氾濫しているのである(写真39)。

外部空間に彫刻を置くということは、高層建築を建てる代償として、一つには美的な社会還元という意義がある。彫刻が個人の所有になればほとんどの市民は見ることができないし、また美術館に所蔵されたとしても一般的には見る機会が少ない。それが都心のオープン・スペースに配置されれば市民の美的共有財産となりうるのである。たとえば、シカゴ市庁舎の正面にはピカソの巨大な鉄製の彫刻がある。これは東京都庁舎(旧都庁)のわきにある太田道灌の像とは本質的に意味が異なっているのである。太田道灌の像は少なくとも美的社会還元の意味をもっているとは考えられないからである。

わが国の彫刻家は、画家にくらべて社会的にも経済的にも恵まれていないと考えられる。これは絵画が私的な内部空間に適するのに対して、彫刻は公共の外部空間に適するという宿命をもっているからである。わが国でも、今後、街並みを美しくしてゆくには、外部空間や道路にもっともっと芸術的な配慮が必要であり、彫刻家の活躍が望まれるのである。アール・ヌーボー様式のパリの地下鉄の入口一つをとってみても、セーヌ川にかかる橋の欄干一つをとってみても、それぞれが美術史に残る傑作である。わが国の商店街の鈴蘭灯、道路標識を見ればわかるとおり、やはり芸術性は皆無と言ってよい。一体、床の間にかける掛軸や生花の美的伝統は、わが国の外部空間には通用しないのであろうか、と疑いたくなるのである。都市空間をできるだけ芸術的に処理することが、わが国の「街並みの美学」として急務であることを痛感するものである。

写真 39　アメリカの屋外彫刻

II　引用文献

(1) B・ルドフスキー著、平良敬一・岡野一宇訳『人間のための街路』鹿島出版会、七五頁。
(2) B・ルドフスキー、同書、一四頁。
(3) J・ジェコブス著、黒川紀章訳『アメリカ大都市の死と生』鹿島出版会、三五頁。
(4) 今井登志喜『都市発達史研究』東京大学出版会、四五頁。
(5) 和辻哲郎『倫理学』下巻、岩波書店、三六四頁。
(6) 島村昇他『京の町家』SD選書、鹿島出版会。
(7) B・ルドフスキー、前掲書、一六頁。
(8) W・メッツガー著、盛永四郎訳『視覚の法則』岩波書店、一四頁。
(9) B・ルドフスキー、前掲書、一六〇頁。
(10) 和辻哲郎『風土』(前掲書)、一五七、一五八、一五九頁。
(11) P・ズッカー著、大石敏雄監修、加藤・三浦訳『都市と広場』鹿島出版会、一一三頁。
(12) P・ズッカー、同書、一六一頁。
(13) Bernard P. Spring, "Evaluation : Rockefeller Center's Two Contrasting Generations of Space", *AIA Journal*, Feb. 1978.
(14) Golden Cullen, "Immediacy" *Arch. Review*, April, 1953. 日本建築学会論文報告集第二五四号「水とIMMEDIACYの研究」正会員鈴木信宏。

(15) W・N・セイモアー Jr.編、小沢明訳『スモール アーバン スペース』彰国社、一一頁。

(16) 『建築と都市A＋U』一九七三年八月号「アメリカの広場」対談―広場をめぐって、芦原義信＋三沢浩。

(17) 東京大学工学部芦原研究室卒業論文、亀卦川淑郎「街路空間の視覚構造」。

(18) Henry Dreyfuss, *The Measure of Man, Human Factors in Design*, Chart D, Whitney, New York, 1960.

(19) Hans Märtens, *Der optische Masstab oder die Theorie und Praxis des Ästhetischen Sehen in den bildenden Künsten*, Verlag von Ernst Wasmuth, Berlin, 1884.

(20) 樋口忠彦、東京大学学位論文「景観の構造に関する基礎研究」。

III

空間に関するいくつかの考察

1　小さな空間の価値

「詩人はつねに小さなもののなかに大きなものをよみとろうと身がまえている[1]」という。この言葉はなかなか含蓄のある意味をもっているように思われる。大きな空間には、大きな空間にしか存在しない価値があるが、一方、小さな空間——狭い空間ではない——にもはかりしれない魅力が存在するのである。

それでは、小さなものとは一体なんなのであろうか。それは小犬であっても、小猫であっても、盆栽の欅であっても、ミニアチュアの人形であってもかまわない。第一に小さなものは掌中の珠のように可愛らしい。小さなものには未来性があり夢とロマンがあるのである。また、大きなものとの対比において、見る者をイマージュの世界にさそいこみ、さらにその内部にくりひろげられる内密性をさぐろうとするきっかけをはらんでいる。

フランスの哲学者ガストン・バシュラールが言うように[2]、小さいものは大きいものであるということを弁証法的に確かめようとすれば、小さいものの世界で想像力を発揮して、夢み、考えるよりしかたがない。例えば、テーブルの上に一つの林檎があるとする。人々はまるで子供らしい想像と思うかも知れないが、もしその林檎の中に入ってみたとしたらどうであろうか。そこにはなんと広々とした内的空間が存在することであろうか、また、なんと静謐さがあるのであろうか。想像の世界こそは、人々を真の安らぎに導き、やがては満ち足りた幸福感を与えてくれる。小さな空間に入るということは、自分自身を何分の一かに縮小するという想像力が必要である。自分自身を縮小することができれば、人々はひとりでに創造の世界へと導かれるであろう。自分自身を拡大してみてもなかなかイマージュの世界には入れない。大きなものから小さなものを想像することは困難である。そこにこそ「小さな空間」の小さいことの意義があるのである。

バシュラールも指摘するように、子供のイマージュの世界では、鯨の口の中へ入って住んだり、蛙のおなかに入ったりする。こうした寓話がこの世の中には多いのである。それは体内に入るということが、安らぎと満足感を与えてくれるものであるからにほかならない。心理学的には、この「小さな空間」はヨナ・コンプレックスや胎内復帰というようなことで説明できるであろう。人間は生れてから母の胸に安らかに抱かれた思い出を潜在的に持ちつづけているからである。

それでは、実際の建築空間において、この「小さな空間」にはどのような意味があるのであろうか。わが国のように工業化がすすめばすすむほど、人口は急速に都市に集中する。今日のような高度工業社会では都市の整備が間に合わなくなり、ついには無秩序な巨大都市が成立せざるをえなくなるのである。都市は本来人口が集中することによって人と人とのめぐりあいをたかめ、その便利さ、スピード感、匿名性のようなものがこの上もない都市の魅力となっていた。しかしながら、世界的にみて、大都市があまりに急速に発展してきたので無秩序な過大都市となり、自らコントロールできる範囲を逸脱し、非人間化と精神的荒廃の道をたどりはじめたとも思われる。押しあいへしあう人々の雑踏、寸刻を争って走りぬける自動車群、大声でわめきたてるラウド・スピーカー等は、われわれ人間をいためつける。都市のなかに渦巻くエネルギーのものすごさから、われわれは巨大な無秩序さに対するアレルギーをもつようにすらなってきたとも考えられる。また、建築学の分野でも、大きな空間のみならず小さな空間に関する研究が関心をもたれるようになってきたが、ここに都市の住いの中になんとか安らぎと人間性を回復したいという現代人の悲願のようなものを感ずるのである。都市に住む一人一人の住民にとって、大都市の住宅地こそは都心の賑わいとは対照的に、ますます静謐な空間であり安らぎの空間であるべきだからである。

都市は、本来、コミュニティーからプライヴァシーにいたる段階的秩序によって成立していると考えられるが、都市が巨大化し雑踏化すればするほど、小さな静かな空間が必要となるであろう。小さいとは、必ずしも空間の狭さを意味するのではなく、茶室や盆栽などに見られるように、小さいことによってのみ、積極的に実現される価値を認めることであり、空間が大きいために実現されない内密の豊かさを「小さな空間」の中に見いだすことなのである。

それでは「小さな空間」によって意味されるものはなんであろうか。(3) まず第一に、個人的(パーソナル)であり、静寂であり、想像的であり、詩的であり、人間的であることである。それはいずれをとっても大都市の雑踏が、匿名的であり、喧噪であり、現実的であり、非人間的であることと対比されるであろう。太陽が東から昇って万物活動の朝となり、西に沈んで安息の夜となるように、人々は昼間の大きな空間での活動から解放されて、夜のしじまに「小さな空間」に停滞する。それは家庭のくつろぎであったり、書斎の思索であったりするであろう。

私はたった二畳ほどの小さな書斎を屋根裏にもっている。手をのばせば眼鏡も煙草も原稿用紙や本も、なんでも必要なものを簡単に取ることができる。この小さな部屋に入ると、不思議と気が落ちついて仕事がはかどるのである。ヨーロッパやアメリカにはよく屋根裏部屋というものがあって、留学生時代にこんな小さな天井の低い部屋で暮らした経験のある人々も多いことであろう。屋根裏部屋は、大体において天井が斜めで低く、小さな出窓がちょこんとあいている。最上階に位置するせいか、外界から遮断されていてなんともいえない安心感がある。ベッドに横たわりながら斜めの天井に貼ってある写真やモットーを眺めていると安らぎを覚えるのである。こんな「小さな空間」には、自分の城としてのプライヴァシーや庇護性があるのである。

私は、また、サウナ(sauna)の愛好者でもある。今から十数年前、はじめて森と湖の国フィンランドをおとずれたとき、それは白夜の頃であったと思う。木の間がくれに見える湖はほの白くかがやき、自然の美しさは息をのむほどであった。そこではじめて経験したのがサウナであった。丸太を校倉造りのように積み重ね、その中で薪を燃やすのである。室内の温度は摂氏一〇〇度ほどであるが、空気が乾燥しているせいか、気分は爽快である。薪をたく釜の上には天然の砕石がのせてあって、この焼け石にひしゃくで水をかけると水蒸気が部屋中に満ちて苦しいほどの暑さとなる。これをぐっと我慢するほどに汗はほとばしるように身体の奥からにじみ出る。いよいよ耐えられなくなったとき、外に飛び出して白夜にかがやく湖にとびこむのである。こんなことを数回繰り返すうちに、身心ともになんとも言えない爽快さを覚えるのである。それは静かな湖畔の森の中にある質素でほの暗い、そして「小さな空間」であった。しかしながら、この空間には禅の精神にも茶道の精神にも相通ずる何ものかがあるように思えてならなかった。本格的なサウナとは、木の香もふくよかな、ほの暗い、瞑想的な小さな空間であり、その中に独り静かに自分の体調に合せて温度を調節しながら入るもので、安らぎと充実感を与えてくれる。そして、この空間は継続した精神の緊張を断ち切り、明日の活力を新しく湧きたたせてくれるものなのである。

図36　ル・コルビュジエ，300万人の都市（“Le Corbusier, 1910-65” より）

さて、一九二〇年代になると、ヨーロッパでは近代建築運動が盛んになってきた。それまでは、建築の形式的な美しさや、左右対称性や、装飾性のようなものが重要視されて、建築に本来そなわるべき機能性、合理性、快適性等々が二の次にされてきた。「建築は住むための機械である」というようなスローガンは多数の人々にうけいれられたし、ル・コルビュジエの提唱する新しい街造りの提案等は強く人々の心を打った（図36）。街路にへばりついた住居を取りはらって、新しく「太陽、空間、緑」(soleil, espace, verdure)のスローガンのもとに、広々と隣棟間隔をとった中層、高層アパート群の構成は、いかにも近代的であり、また人々に幸福な住いの環境をもたらすものとしてうけいれられた。わが国でも、過密で粗悪な木造住宅地を再編成して、不燃で快適な都市環境を創るのには、住宅公団の大規模団地のような中層や高層鉄筋コンクリートのアパートの建設が一つの解決策であると一般的に考えられ、建築家もこぞって隣棟間隔やオープン・スペースをできるだけたっぷりとることが効果的手法であると考えた。そしてこのような団地や、ニュー・タウンが世界中いたるところに出現してきた。たしかに「太陽、空間、緑」は確保されるし、土地の効率的な利用の点でもすぐれているし、また、成功した実例も少なくないと考えられる。しかしながら、そこには何か足らないもの、実存主義者がいうような「人間はただ住むことによってのみ存在する」というような、ほんとの意味での「住む」ことの充実感や定着感のようなものがいささか足らなかったのではないのかという反省も出はじめた。

建物と建物との間にある空間――隣棟間隔――というものをよく考えてみると、それは例えば冬至で日照四時間程度を確保するための空間であって、居住者の誰の所有にも属さない虚の空間――ネガティヴ・スペース――である。S・シャマイエフはその著『コミュニティとプライバシー』の中で次のように述べている。「この手法の論理は、はじめは素晴しいものに思えるのだが、散在する緑地(隣棟間隔)を楽しむことなどは結局虚構なのである。これらの緑地は公共公園としては充分な広さがなく、個人の庭のように親密な楽しみを分つには適当な狭さをもたないからである。すべてのものがすべての人に所属するということは、誰からも利用されず結局は誰にも所属しないという結果を生む。このような空間の所有、管理、維持はとくに公共的でも私的でもない。空間は巨大な箱のような建物の間に空虚に取残されて、人影はまばらで大人も子供も落着けない。……」と。(4)

このような誰にも所属しない虚の空間を居住者に分割して、たとえ小さくてもよいから、庭にしたり、菜園にしたり、作業場にしたりして、創造的な外部空間を積極的につくりだすことは、一体、不可能なのであろうかという素朴な質問にぶつかる。

また、あの巨大な郊外の団地に接する駅に到着して、さてわが家に帰るとなると、同じような鉄筋コンクリートのアパートが、遙か遠くまで数えきれないほど立ち並んでいる。いっそ目的の建物が見えなくて、美しい自然の中を歩いているうちにそこに到着するほうが、まだ慰めもつくというものである。人工的に中和された非連続の環境を歩いてゆくのはいかにも広漠としていて退屈である。そうかといって、在来の低層住宅地にみられる連続性をもちこむことはできない。建物と建物との間の空間はたしかに自然ともつかず、人工ともつかず、中途半端な距離としてうつろである。このうつろな感じこそが、ここに住む人々にとって真の定着を嫌い一般的な仮寓としての意識をもたせる理由の一つであると考えられる。公団の団地の自然は、自らが手をつけられない見るだけの空間であり、そこには隔靴掻痒の感すら生じうる。また、都心から一時間も一時間半も通勤にかけた郊外住宅地で、それでもなお見るだけの自然にしか甘んじなければならないのは、あまりにも情なく生甲斐のないことと考えられる。都心の近辺にこそは、このような豊かなオープン・スペースと、見るだけの自然のある高層や中層のアパートの建設が望ましいのである。人々が、若いとき、いそがしいとき、身軽なときには、都心に近い高層アパートに住むことはきわめて適切な方法であろう。それはちょうどホテル住いか避暑地の住いのように軽快で便利でしゃれている。しかしながら、真に定着するにはシャマイエフも指摘するように、「庭つきの住い」が望ましいと考えられるのである。庭とは、自らが手をくだせる自然をもつことであって、決して見るだけの虚構としての自然をもつことではない。手をよごして植物を育てたり、朝食をとったり、日光浴をしたり、裸で体操をしたり、本を読んだり、焚火をしたり、作業をしたりできる、自分だけの屋外空間である。たとえ小さくてもよいから、そんな自分だけの屋外空間をもって自然と連帯しながら、大地に深く根をはった生活をすることはできないものであろうか。

そんなときに、エーゲ海に浮ぶギリシャの島々やイタリア南部などの地中海沿岸の低層集合住宅を見ると、なんとも言えない共感と感銘をうけるのである。イドラ、パトモス、ロードス、サントリーニ等の島々にある街は、いずれも、海岸の斜面に建設された低層集合住宅から成り立っている。紺碧の空、澄みとおる青海原を背景として、真白な建築が曲りくねった道路沿いに、或いは高く、或いは低く、まるで隣の家の屋根がこちらの屋上テラスになるように重なりあって、あたかも大きな一軒の建築とも言える街並みである。そして、家と家との間の思いがけない位置に、取り囲まれた小さな庭があって、椅子や植木鉢が置いてある。その庭は斜面の関係から後側が高く護られ、前面が海にひらけたプライヴァシーのある小さな屋外空間である。こんな空間にぴったりはまりこんで、静かに音楽でも聴きながら、ワインでも飲んで、エーゲ海を見下ろすとき、いくたびかの外敵の侵略という危険をはらみながらも、この「小さな空間」を先祖代々まもりつづけてきたギリシャ人の定着感というものを、つくづく嚙みしめるのである。これらの街は、いわゆる都市計画のマスター・プランや建築法規の規制によってできた街ではない。永年にわたる不文律の掟によって自然発生的にできたものである[5]。そこには計画都市には見られない人間の知恵が、協同防禦という連帯意識の枠の中で美しく結晶しているのである。

このように、内部の要因から自然発生的にできた街を「内的秩序」の街と呼び、都市のインフラストラクチャーをつくり外側から計画的につくっていった街を「外的秩序」の街と呼ぶならば、この「内的秩序」の街には、大都市に住む現代人が見失いがちな人間性や自然とのスキンシップのようなものをここに再発見して、いたく感銘するのである。

そんな所からか、わが国でも最近とみに低層集合住宅に関する関心や研究がふえてきた。それは、一つには前述したように郊外にできた中高層アパート群による住宅地が、当初予想したほど決め手にならずに、資料によればほとんどの世帯が将来庭つきの独立住宅に移りたいと考えていること、また、一方、東京のような大都市の郊外住宅地では、建物の高さをおさえて日照を確保しようとする考えかたが逐次浸透してきたこと、また、中高層アパートを隣棟間隔を十分にとって計画できるような大規模な敷地を都内に確保することが困難となり、敷地が小さくてもすむ低層集合地が脚光を浴びるようになってきたこと、研究の結果、うまく計画さえすれば、公団の中層アパートでの人口密度である三〇〇人／ヘクタール程度の居住人口を確保できて、しかも居住空間はもっと広く、小さいながら専用庭園をもつことが可能になったこと、等々によると考えられる。

それでは大都市に低層集合住宅を建てさえすれば、すべての悩みは解決できるかというと、そうは簡単にはいかない。きめの細かい計画上の注意がはらわれないと、低層集合住宅スラムが出現しないとはかぎらないのである。

まず第一に集合の規模には限界のあることである。いろいろの見解があるが、せいぜい五〇戸ないし六〇戸というのが定説である。そして、その集合を単なる集合としてではなく、街並みを形成できるような「内的秩序」に育てなければならない。これ以上大きくなると、各戸に直接到達する交通手段が困難となる。例えば、前述したギリシャの島の街々には、たしかに変化と律動と人間性に富んだ見事な街並みが形成されているが、これをそのまま近代都市にもちこむことはできない。あの人間的な曲りくねった狭い道に、自動車を通すことはできないのである。また、もし自動車を通せたとしても、そのよさはたちどころに消滅するであろうことも確かである。であるから、イタリアやギリシャの内的秩序の街のまま、大規模に近代都市に適用することはできないのである。せいぜい、五〇—六〇戸程度の小さな規模に分けて、その間に緑の空間をとり、それを交通の動脈とすることは一つの解決方法であると考えられるのである。

一方、わが国の大都市郊外に新しく民間ディベロッパーによって開発されている住宅地の景観はどうであろうか。小さく分割された宅地の中には、とりどりのプレハブ住宅が建てられ、たしかに「庭つき住宅」の夢を果たしているように見える。これは、戦前に開発されたいわゆる高級住宅地の縮小版である。敷地の大きさも、道路幅も、すべて矮小化され、家屋は小さく薄ぺらく色もとりどりで、とうてい落ちついた街並みの形成などは無理である。国民総生産も欧米先進国に追いつき、他の分野での技術革新もこれほど進んだわが国で、どうして住いの環境だけはこれほど落ちつきがなく軽薄でとりとめないのであろうか。こんなに場あたりでしかも趣きのない新開地は世界中何処を探してもまず見つからないであろう。しかも、ここに住める人々は、勤勉努力の結果一応の成功者として、あこがれの「庭つき住宅」を手に入れた人達なのである。

しかしながら、一軒一軒の家をよく見ると、家の四周に境界から家を離すためになんとなくあけられた無駄な空間が存在することに気がつく。民法によれば住宅地では少なくとも隣地境界線より五〇センチ離さなければならない。そこで、敷地の前後を前庭と本庭とに分けて、いっそ、左右は隣家と密着させる建て方はないものであろうか。もし、三〇坪の敷地に延三〇坪の総二階家を建てれば、一五坪の屋外空間をつくることができる。この建て方を西欧では「コート・ハウス」と呼んでいる(図37)。この一五坪の庭のうち、三坪を道路と家との間の前庭に割りあて、街並みを美しくするために花や植物を植えることができる。残りの一二坪の本庭には二坪のダイニング・テラス、六坪の雑木林、二坪のサウ

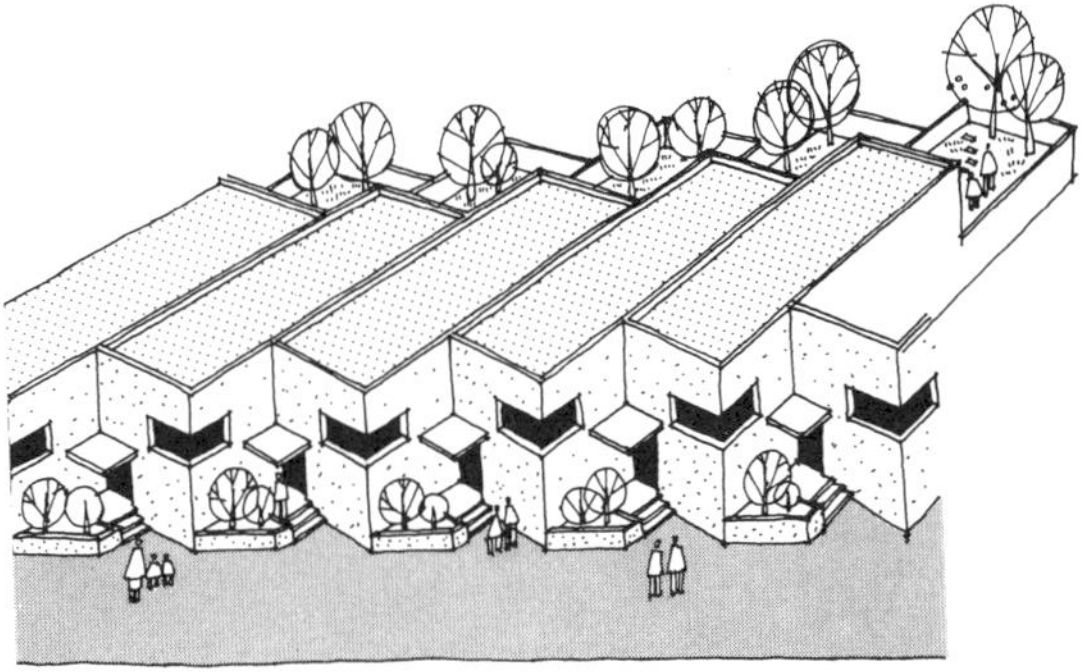

図 37　コート・ハウスの提案

ナ小屋、二坪の作業場にすることができる。わが国ではこのような連続住宅を「長屋」と呼んだり、京都では「町家」と呼んでいるが、街並みの美化のために前庭をとるところが少し異なる。

このような街並みをつくるためには不文律の約束ごとが必要である。要はなんとなく無駄に死んでいる四周の空間を、積極的に自分の「小さな空間」に活用し、さらに、前庭として街並みの美化に貢献しようというのである。ただし、このような街並みは自分独りだけではできないのである。少なくとも「内的秩序」となるための秩序が必要なのである。民間ディベロッパーの中に、敷地を雛段のように切りひらいて売るだけでなく、この「秩序」と土地とを一緒に売ることを考える人が出現することを祈りたいものである。また、もし一軒から一坪を供出すれば、五〇軒で五〇坪の自家用小公園か、共同の駐車場をつくることができるのである。

都市生活においては、家族の構成や、教育、職場などの関係から、住いの種類を選択できることが肝要である。すべてが中高層鉄筋コンクリートのアパートでも困る。また、すべてが庭つきコート・ハウスでも困る。要は、自分の立場から選択できることである。そして、自分だけで考えたり行動のできる蛸壺《たこつぼ》の空間――「小さな空間」――がほしい。それによって、人々は明日の活力を得て、敢然と職場に出てゆけるのである。コミュニティーとプライヴァシーの調和のある関係こそは、都市生活者の最も重要な関心事であるはずである。

さて、今まで述べてきた「小さな空間」とは、自己をじっと見つめる契機のことであり、人間形成とも深いかかわりのあることと考えられる。また、その場にいながら想像力によって自分自身を何分の一かに縮小することの困難な人は、遙か遠くの大空を眺めながら、けし粒のように消えゆく小鳥に身を託してもよい。イマージュの世界では、小さくなることと遠くにゆくこととは同じようなことなのである。

ひとりになりたい、時には旅に出たり、見知らぬ遠い国にゆきたい……と思うとき、人々はこの「小さな空間」を求めているときに違いないのである。わが国のようにプライヴァシーの少ない住宅に住みついた人々には、時には孤独が必要なのである。

建築家は建築を設計するとき、一〇〇分の一や、二〇〇分の一の縮尺で、図面をかきながら空間を考える。建築家自身は一〇〇分の一や二〇〇分の一の小人となって、この建築空間の中を駆け廻るのである。この一センチほどの小人になった建築家は、幻想的な空間を想像しながら、創造の世界へと分けいってゆくのである。ものを創る喜びは、こんなところにあると思うのである。また大きな空間を小さな空間に分割して、部分と全体との間に多様の統一を実現することも、建築家の任務である。自然はもともと茫漠として大きな空間である。その自然の中に空間を限定する要素を取りこんで小さな空間を創り出すことが、人間の生活にとっていかに大切なことであるかがよくわかると思うのである。

2　夜景――「図」と「地」の逆転

私はかつてニューヨークの中心部マンハッタンに住んでいたことがある。仕事から帰って小さなアパートの部屋にあるたった一つの窓から迫りくる夕暮のなかに外を眺めていると、高層アパートの数えきれないほどの窓に灯りが次々とついていって、やがては建物の外壁は夜の暗闇に消えうせて、窓だけが明るく夜空に輝きはじめる。私のようにたった一つの窓しかもたない人もいるだろう。それぞれの窓の中には生活があって、人間が連帯して生きているというあかしを、この匿名的な大都会の中でさえ与えてくれるのである。郷愁とか、あるいは逆に生甲斐などというものは、案外、こんな夕暮から夜にかけて感ずるのかも知れない(写真40)。

昼間の街並みの主体は、なんといっても建築の外壁であり、窓のような開口部はただ暗く光ったガラス面として陰の存在である。それがひとたび夜景となると、建築の外壁は見えにくくなり、開口部である窓面が一躍主役として登場してくるのである。室内が外部より明るいため、昼は見えなかった内部空間が見えはじめる。建物に透過性が出てきて室内の空間が急に身近なものとなり、昼間は考えもつかなかった内部の生活が露呈されるのである。遠くにある窓という小さな開口部を通して、人々は心が通じあうような気分になり、感傷的な郷愁を感じるのである。

夜景の窓のありかたは、それが無限のかなたに遠くなると、ちょうど満天の星空の構図に近くなる。星はあたかも建物の窓のようにまたたきながら、夜空という「地」をつきぬけて「図」としての身近さを感じさせてくれる。人々が星空を見るとき、星のなかに何か生命の存在や幻想のようなものを感ずるとしたら、これは夜景における窓と関係があるのである。

さて、ここで、建築空間において、反射光でものを見る場合と、透過光でものを見る場合との差異について考察してみたい。

建築の外観は歴史的にいって、反射光で見てきたものである。夜景を考えてつくった建築はなかったと言っても過言ではない。月夜の晩にアクロポリスの丘に昇ってパルテノン神殿の柱と柱との間から夜空を眺めたり、アーチを重ねてつくったニームの水道橋やローマのコロッシアムのように、建造物のアーチごしに夜空を見られるものは、月夜には見ごたえがないとも言えない。しかしながら、一般的に見て、ゴシック、ルネサンス、バロック等のそれぞれの時代の名建築も夜見ればどれもこれも昼の魅力を失い、せいぜい建築のシルエットぐらいが見どころであろう。煉瓦造や石造のような一体式の組積造は昼間反射

写真 40　ニュー・ヨークの夜景

光で見るべき建築であって、夜景としての組積造は壁体に透過性が少ないため、まったく石の塊に化するのである。

ヨーロッパの有名な城や重要な建造物は、観光的に夜間の照明がされるようになった。これは、もともと夜景のために造られた透過性の多い建築ではないから、せいぜい絵葉書程度の効果しか期待できないし、建築の本格的な鑑賞というよりは建築を含んだ環境の幻想的な鑑賞と言わざるを得ない。物を見るとき、光源の位置やありかたは大切である。昼の雰囲気を出すためには、光源を必ず上方にもってきて、一様の照度で均等に照らすことである。夜の雰囲気を出すためには光源をなるべく低くして、部分的に照らすことである。室内照明で天井に照明を取り付けて部屋全体を均等に照らす方法を「一般照明」と呼び、事務室や作業所のような作業空間に用いられるものである。これは昼の雰囲気である。欧米のホテルや住宅には天井に照明器具がなく、数多くの電気スタンドを低めに配置して部分部分に異なった照明を用いてある。これは夜の雰囲気である。室内設計において、天井灯をよして沢山の電気スタンドを使うことの効用はびっくりするほどである。一般的に言って、太陽は通常頭上にあって上空から物を照らして昼となり、長い影をひく夕陽が沈むとあたりは一変して夜の世界となる。夜は月夜の晩をふくめて一般的に低いところに人工光源が位置しているのがよい。前記の名建築の夜間照明も、低い位置から建物を照明するから思いがけない夜の効果を生む場合もあるが、建物自身は昼の光のもとで見るようにで

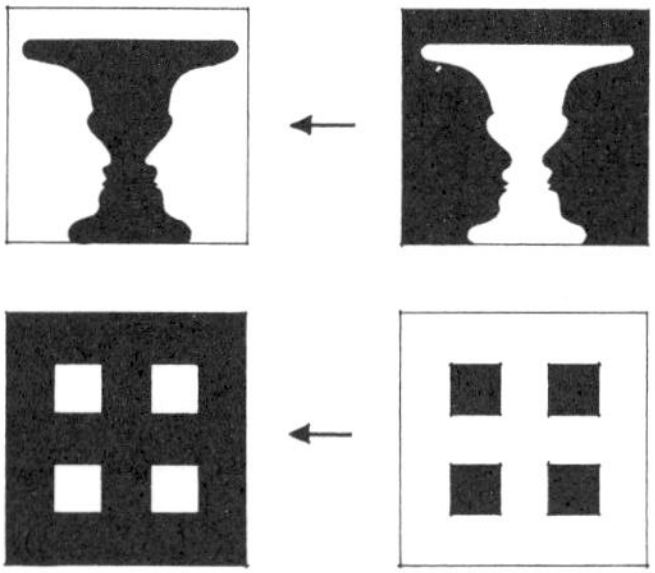

図 38　夜景と昼景，「図」と「地」の逆転　エドガー・ルビンの「盃の図」の黒白を逆転して，建築の「夜景」と「昼景」との関係を比較してみると，透過性のある近代建築においては「図」と「地」の逆転が起こりうる．新宿の夜景において 100 m の地点より 100 m ごとに地点をきめて観察してみると，800 m あたりでこのような現象が起こるようである．

写真 41　新宿の夜景

別表3 外壁における建築素材の比率

	石・タイル・PCコンクリート	ガラス	金属パネル	サッシュ
東京海上ビル	57.9%	35.6%		6.5%
霞ケ関ビル		33.3	56.3%	10.4
日本IBM本社ビル	63.3	36.5		0.2
富士フイルム本社ビル	8.6	73.0		15.6
NHK放送センター		80.6		19.4
新宿三井ビル		52.1	29.7	18.2
新宿住友ビル		19.1	77.9	3.0
国際通信センター		15.5	82.7	1.8
シーグラム・ビル		57.8	22.1	20.1
チェースマンハッタン・ビル		50.0	44.5	5.1

きているので、原則的には変則であると言わざるを得ない。

夜景としての建築が本格的に考えられるようになったのは、なんといっても建築に透過性ができてきて内部の光を透過光として見られるようになってからである。石の塊のような組積造から解放されて、ガラス面の多い近代建築は、昼光では外壁がゲシュタルトとしての「図」となり、夜景では外壁が消滅して窓のガラス面が明るく浮き出て「図」となるというような、「図」と「地」の逆転が可能となった。近代建築において、ガラスの意義は重要である。これは中世の石造建築ではとうてい考えられなかった新しい視覚的体験であるといえよう(図38・写真41)。

そこで東京とニュー・ヨークの代表的な高層近代建築について、外壁のガラス面と、ガラス面以外の面積とを算出して、外壁における建築素材の比率を調べてみると別表3のようになる。

NHK放送センターや富士フイルム本社ビル(写真42)のように窓の腰壁にあたる部分(スパンドレル)にもガラスをはめこむと、ガラスの外壁面における占有率は七〇%以上となり、昼間では全面ガラスの建築のように見えるが、夜間は腰壁の部分が暗く光らないから、夜景と昼景の窓廻りの見え方はかなり異なってくる。また、建築を正面から見る場合と、斜めから見る場合によって、ガラス面の見える比率にいちじるしい変化のあることがわかる。すなわち、窓廻りのディテールにおいて、サッシュがガラス面よりかなり出ている建物では、作図をして見ればわかるとおり、とび出たサッシュにけられてガラス面が見えなくなり、サッシュの金属のみが見える角度がある。また、サッシュがガラス面よりほとんど外に出ていないものでは、建物をかなり横の方から見てもガラス面がよく見えることがわかる。サッシュの断面形はガラスを支える力学的な強度や風圧によって決定されるが、その断面をどの程度ガラスの外側に出すのか、内側に入れるのかは、建築家の経験と技倆によるわけであるが、そのことによって、建築の外観の表情はいちじるしく変ってくる(図39)。同様に高層建築の場合は、建物を仰ぎ見る場合が多いので、窓のガラス面が奥にひっこんでいたり、庇やベランダがあると、それらにけられてガラス面はほとんど見えなくなる。昼は、ガラス面が奥にひっこんでいると、彫りの深い建築ができて落着いた感じとなるが、夜景では、透過性が減って、中世の石造建築のようになり、近代的な感じは減少すると言える。

写真 42　富士フイルム本社ビルのガラス面

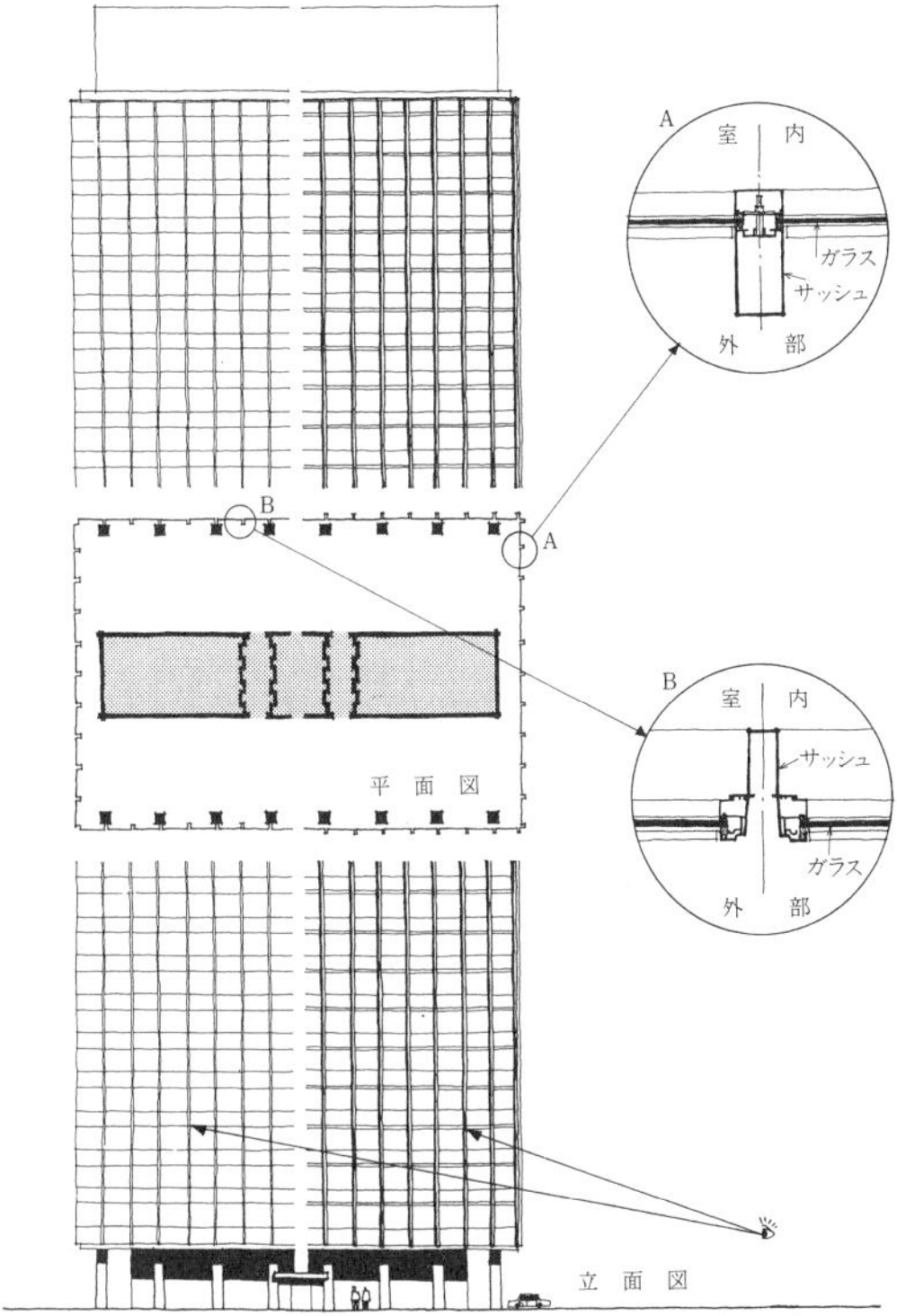
左半分は，サッシュがひっこんでいるもの
右半分は，サッシュがとびだしているもの

図 39 サッシュの断面形のちがいによる外観の変化 サッシュが，ガラス面よりとびでているAのような断面形の際は，横から見るとサッシュにけられてガラス面はあまりよく見えない．〈例〉数寄屋橋東芝ビル，ニュー・ヨークのシーグラム・ビル．サッシュが，ガラス面よりひっこんでいるBのような断面形の際は，かなり横から見てもガラス面がよく見える．同じガラス面積でもAよりBの方がガラスぽいビルに見える．〈例〉新宿三井ビル，富士フイルム本社ビル．

夜景として、最も美しい建物と思われるものは、ニュー・ヨークのパーク・アヴェニューにあるシーグラム・ビル(写真43)であろう。この建物は、建築界の巨匠ミース・ファン・デル・ローエの作品である。窓のサッシュはすべてブロンズ製で、ガラスは薄いブロンズ色である。夜間この窓から透過してくる室内の照明について、巨匠はあれこれ考えた様子がある。窓側数メートルには荷物を置かないようにし、カーテン、ブラインド類は使用しない。点灯、消灯等は全館一斉にする。もし、どれか一つの窓に極彩色のカーテンがかかるとか、どれか一つの窓だけが消灯しているとかすると、夜景におけるゲシュタルトに致命的な欠陥が生ずるのである。また、ガラス占有率を五七・八%と、かなり取り、正面からの透過度を大きくして、夜景の効果をあげてある。また、前述したように上下には庇のような突出物がないため、夜間、シーグラム・ビルを見上げたときの効果は、大変なものである。その効果が正面のみに限られるのは、縦方向のサッシュはとび出しているからである。また、この建物の正面には何の変哲もない広場があるが、この広場はこの建築を見上げるための広場であることが判ってくる。このあたりのミースの夜景に対する配慮は心にくいものがあると考えられる。

外壁におけるガラス占有率の比較的少ない建物の場合、夜景をひきたたせるのにはどうしても、建物を外部から照射する以外には方法がない。これは、前述したとおり、記念的建造物によく応用される夜間照明で、ゲシュタルトにおける「図」と「地」の逆転を考え

写真 43　シーグラム・ビル——ニュー・ヨーク

たものではない。内部からの反射光によって、半透過性を出そうと工夫した建築がある。これは銀座にあるソニー・ビルの外観であって、特殊な断面のルーヴァー格子を取り付けて、その効果を出してある(写真44・図40)。これの原理は、照明のあたらない外壁に平行な面——暗くなる面を最小限におさえる。次に、曲面によって反射する面をできるだけ多くする。さらに、格子と格子の間から透過する光の面をつくる。このような方法によって、内部から透過する光と、反射する光を混ぜあわせて、行灯《あんどん》のような効果のある外壁面をつくることができた。最近は節電のため、この照明を使っていないのは残念であるが、街並みにおける建築の夜景としては特色のあるものと言えよう。

さて、夜景について論ずるからには、都市におけるネオン・サインのありかたについて言及しないわけにはいかない。ニュー・ヨークのタイムズ・スクエアーやラスヴェガスのような一、二のアメリカの例を除いて、世界的に見て、わが国ほどネオン・サインの多い国はないと言える。

建築に取り付けられた屋上広告やそで看板のたぐいは、建築にとってはまことに有難迷惑なものである。建築は本来、それだけで自己完結した形態をもっている存在であって、外壁面の大きさと屋上にある塔屋とプロポーションなどは建築家の最も苦心するところである。そこに、塔屋をとりまくような巨大な屋上ネオン広告がつけられると、それはまったく情ないことになる。それは、美人の頭の上に不釣り合いな帽子をかぶせるようなもの

写真 44　ソニー・ビルの夜景

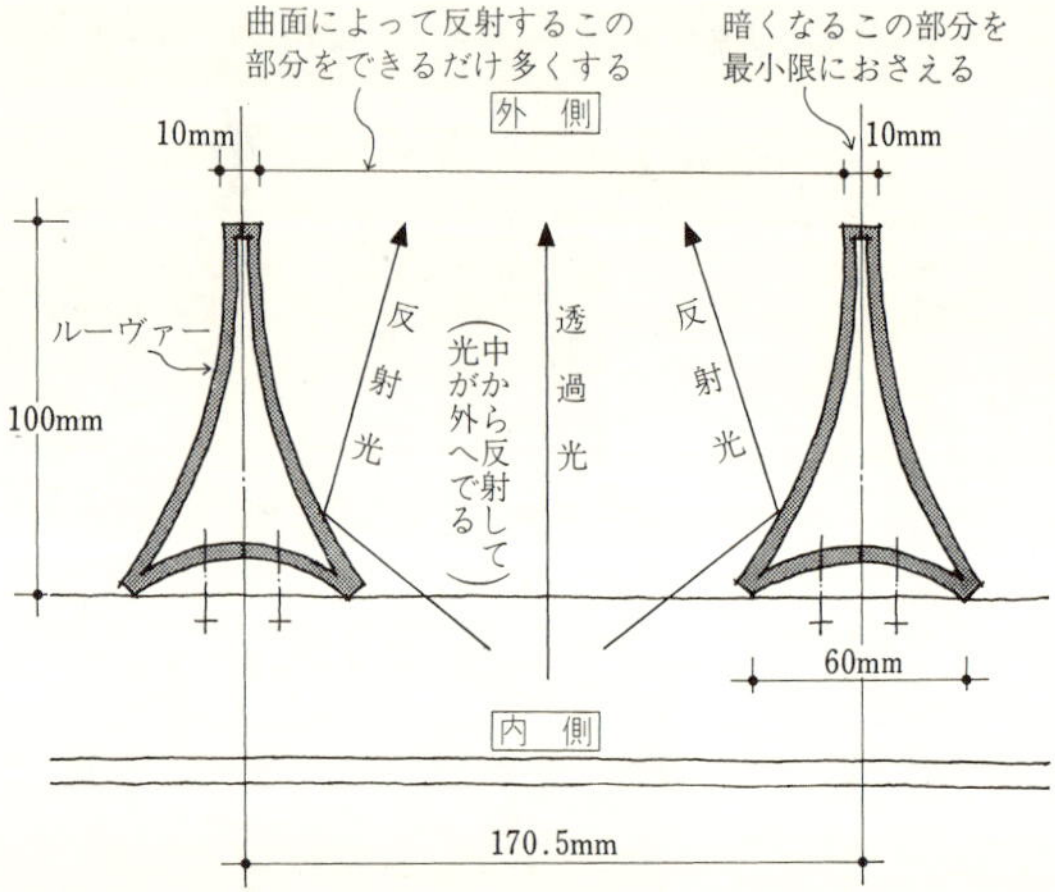

図40　ソニー・ビルのルーヴァーの断面形

である。そで看板や垂れ幕は、彼女の顔に遠慮なく、絆創膏をはるようなものである。それがいったん夜景となると建築の本体が主役の座をおりて、屋上ネオンが夜空に輝いて主役となる。それは、ちょうど美人を消して帽子だけがショー・ウインドーに飾られている場合に等しくなる。たとえネオン・サインの図柄や色彩がいかに優れていても、昼間、建築と一体化して見る場合はとうてい耐えられないものであっても、それが夜景となるとネオンだけが夜空に浮かぶことになる。であるから、見ようによっては美しいといえる場合もあろう(写真45・46)。海外から来る外国人は、日本の都市のエネルギーに圧倒されて、ネオン・サインをほめることがよくある。しかし、それは本質的な街並みの美学について論及しているものではない。都心の商業地区のように、夜景の大切なところでは、あるいは調和のとれたネオンを、地区を厳重に限って取り付けるのはやむを得ないと考えられるが、都心を離れた地区では、本来、昼の街並みを「図」として考えてもらいたいものである。重要道路沿いのマンションの屋上広告などは、厳しく制限してもらいたいものである。

さて、建築の外観における透過光の問題は、建築の室内においても同様に重要である。前述したように、わが国の伝統的な木造建築は、窓の小さな組積造と異なって開口部が大きく、外光がいっぱいに室内に入ってくる。そこにはめこまれる「明り障子」は、和風建築の真髄ともいうべき特徴のあるものであって、真白な障子紙を透過して入ってくる陽光はなんともいえない静穏な空間を内部につくりだす。また、障子の桟にはあれこれ工夫があって美しく配置され、あたかもピエット・モンドリアンの構図のごとくひきしまっている。「明り障子」こそは、夜景のところで述べたような透過光によるしっかりした「図」としての形態をもっていると言えよう。

ところが、屋外に夜がやってきて、透過光がなくなり、室内の照明による反射光によって、この「明り障子」を見るとどうであろうか。春の陽ざしをさんさんとうけて庭の木の枝ぶりを影絵にうつしたあの美しい障子も、単なる白っぽい紙と化する。透過光のときは見えなかったざらざらの肌ざわりは、役者の厚化粧のようにおぞましく、桟と紙の対比も

写真 45　雑然たる街並みも，夜はなんとか見られる

写真 46　広告塔が一体化して，昼も夜も美しい

急に弱まり、「図」としての構成も稀薄になる。障子紙と畳とは、常に新しいものが望まれた所以も「図」の構成から考えれば当然のことと思われる。障子紙は新しく真白で透過光で見ることが何よりなのである。

一般的に言って、開口部の大きい和風建築は昼の建築であって、夜の建築ではないと考えられる。電灯照明が導入されて以来、和室の照明は天井からさげられた笠による照明が多く、前述した「一般照明」の分類にあてはまる。また、開口部が大きく、かつ多いために、固定的な主役となる壁面が少なく夜の雰囲気をかもしだすことが困難である。

夜の室内空間ですぐれたものはなんといっても北欧のものであろう。一日のうち数時間しか明るくない長い冬をすごす北国の人々が、透過光はあまり期待できないので反射光による室内の構成を考えるのは当然であろう。夜の室内はとざされたものであり、厚手で美しい色どりのカーペットやカーテン、木製の家具、色とりどりのクッション、形も色もすぐれた食器類は、どれをとりあげても夜のものである。また、世界的に定評のある北欧の照明器具は深々と食卓の上におおいかぶさり、一家だんらんの食事を楽しませ、また工夫をこらした電気スタンドのかずかずは冬の夜長を忘れさせるものがある。

わが国の平均的家庭における室内空間のありかたは、国民所得の高さと反比例して、一般的にはまだまだ低いと言わざるをえない。街並みの美学が必要であるのと同様に、インテリア・デザインの美学が提唱されることを大いに期待したいと思うのである。

3　記憶にのこる空間

都市や街並みを、建築その他の実存する具体的な実体によって把えようとする考えかたにたいして、その実体が知覚される形態の構造を心に描かれるイメージとして、都市や街並みを考えようとする新しい考えかたがある。それはある特定の個人の心象ではなく、都市の住民の大多数について、共通にいだかれるイメージのことであって、MITのケヴィン・リンチ教授は、これをイメージァビリティー(imageability)と呼んでいる。彼は一九六〇年に名著『都市のイメージ[6]』を書いてこの分野での新しい領域を開拓した。それに先だつ四年前に、彼はアルヴィン・リュカショクとともに街に関する子供時代の記憶について調査をし、「都市に関する子供時代の記憶[7]」"Some Childhood Memories of the City" という論文を書いた。都市の実存的な環境がどのように子供達の心象に残るのかアンケートによる調査の結果、舗装面、築地塀、樹木のようなものが永く記憶に残ることがわかった。さらに彼はマルコム・リヴキンとともに、ボストンの中心にあるボイルストン・ストリートとニューベリー・ストリートに囲まれた一ブロックをとりあげて、成人の被験者に歩いてもらい、なにが街並みのなかで最も印象に残るのかを調査し、"A Walk around the Block" という論文[8]を書いた。これらの研究は、都市は人々によってイメージされるものであるという前提に立脚し、都市のわかりやすさ(legibility)や、見えやすさ(visibility)のようなものから、イメージしやすいこと、イメージァビリティー(imageability)なる概念に到達し、さらにイメージを構成するものとして、パス(paths)、エッジ(edges)、ディストリクト(districts)、ノード(nodes)、ランドマーク(landmarks)なる五つの要素をとりあげたのである。そして都市のイメージァビリティーを高めることによって都市のよりよい環境が得られるというものである。

さて、ケヴィン・リンチが試みた子供時代の記憶に関する調査は、幼少期の人間形成にあたって建築や街並みがどのような影響力をもつのかを知る点においてきわめて重要な意義があると考えられる。また、ガストン・バシュラールはその著『大地と休息の夢想』のなかで「生誕の家」[9]にふれ、いかにそれが永く人間の思い出のなかに残り、それを思うとき人々に安らぎと庇護性をもたらすものであるかについて述べている。

奥野健男は、『文学における原風景』の中で、作家固有の自己形成空間としての「原風景」についてふれ、「このような文学の母胎でもある〝原風景〟は、その作家の幼少年期と思春期とに形成されるように思われる。生れてから七、八歳頃までの父母や家の中や遊び場や家族や友達などの環境によって無意識のうちに形成され、深層意識の中に固着する

〝原風景〟、それは後年になればなるほど不思議ななつかしさを持って思い出され、若い頃にはわからなかった繰返されるその風景やイメージの意味が次第にわかるようになってくる。いわば魂の故郷のようなその人間の歴史の神話時代にも相当する〝原風景〟である」(10)と述べている。そして東京や大阪のような大都会育ちの人々より、郷里をもった人々、作家で言えば、太宰治の津軽、坂口安吾の新潟、室生犀星の加賀金沢、佐藤春夫の紀州熊野のような風土性豊かな自己形成空間の中で、強烈な〝原風景〟をもった人々には、旅行者の眺める風土や景色でなく、骨肉化した風景があり、それが常に文学の原点として作品にあらわれていて、その強固さにはとうてい大都会生れの文学者は太刀打ちできない、と述べている。一方、三島由紀夫は、自己形成期に自然や風景を知らなかった上に、日本の古典や西洋の小説で架空の〝原風景〟をつくりあげたという。彼が松を指してあれは何という木かとドナルド・キーンに尋ねたという挿話があるということも、同氏は指摘している。日本の土着的原風景を持たない人々は、何も三島由紀夫に限らない。人工的に砂漠化している大都会に住む画一的青少年は、公団の団地や高層マンションからいくらでも今後育ってくるのである。しかし奥野健男は、東京にも戦前には自己形成空間としての〝原風景〟を育成する環境があったという。永井荷風、谷崎潤一郎、夏目漱石の小説には、固有の街並みが書かれ、なつかしい地名がよく使われているのを見てうなずけるのである。同氏は山の手の恵比寿界隈に育った。彼の家は幅二メートルしかない道に面していて、樹齢三百年に及ぶ欅の大木が二、三十本、家の附近にうっそうと茂っていた。そして鳥や蟬や蛙がすみついていたという。「こういう山の手の不安定な界隈でも子供は学校とは違う世界、〝原っぱ〟を持っていた。〝原っぱ〟は田畑が売地になったところや、屋敷のあとや昔から家や畑になっていない空地などを指すのだが、そこは学校の成績や家の貧富の差などにかかわりのない子供たちの別世界、自己形成空間であり、そこの支配者は腕力の強い、べいごまもめんこもうまい餓鬼大将であった。ぼくたち中流階級の子はおずおずその世界に入り、みそっかすとして辛じて生存を許されていたようだった。しかしこの〝原っぱ〟こそ山の手の子供たちの故郷であり、〝原風景〟であった(11)」と同氏は述べて、戦前には、東京のような大都会にも、地方に負けない自然との連帯や地縁というものがあったことを指摘している。

私は、同氏の叙述が不思議と自分の育った環境と相似していることに或る種の感銘を以て共鳴するのである。私は東京は山の手、四谷は南伊賀町(現在の若葉町)の西念寺という寺のわきに生れ育った。このあたりは、今でこそ全くの都心であるが、当時は寺の境内には銀杏の大木が亭々とそびえ、よく登っては滑ったさるすべりの名木などもあった。伊賀流の忍者でも住んでいたような南伊賀町のすぐわきは寺町といい、坂道にそって沢山のお寺があったのを覚えている。この寺の境内がわれわれ子供達の〝原っぱ〟であった。べいごまにめんこのほかに自転車の曲乗り、木登り、陣とり合戦、かくれんぼ、試胆会、少年野球等はすべて、この寺の境内で行われた。境内のはずれにある墓場は、子供心になんとなく不気味であり、とくに日暮れが近づくと不気味さは倍加され、あたかもバシュラールのいう洞窟の幻想をいだかせてくれるものであった。そして、学校が終って日が暮れるまで寺の境内を含む〝原っぱ〟を駆けめぐって〝原風景〟をつくりあげていたと思う。〝原っぱ〟の幻想こそは、山の手の子供たちの心の故郷であり、〝原風景〟であったのである。

私自身の印象でも、奥野氏の印象でも、不思議と樹木が——欅の大木や、銀杏の大木のようなものが——育った環境と切りはなすことはできない。これはケヴィン・リンチの研究によっても、アメリカ人の人間形成期にとって樹木が重要な契機になっていることと一致していることがわかる。ということは都市の居住環境には、重要な人間形成期に必要と考えられる大樹が少なすぎるということであるとも言える。大樹には多年の風雪に耐えて樹齢を重ねてきた或る種の威厳や気品のようなものがあり、また多年同一の場所に停止しながら生存していることから沈着、忍耐、不羈のような特性があり、動物のように自ら行動できない植物の宿命としての、受容性、客観性のようなものすら感ずる。大樹には確かに、無言にして厳しい父親の目のようなものが光っているのである。そして、大樹に接しながら育つ子供達には、それが強く幼少期の印象として焼きつけられ、また多くの教訓をその中から読みとることができるのである。それは旅行の途次見ただけの大樹ではない、春夏秋冬、雨や風に耐え、そこに住みつき、そこに育つことが必要なのである。その他、ケヴィン・リンチの研究によれば、築地塀や石だたみのような屋外の舗装も強く印象に残るという。確かに私自身の経験によっても、西念寺の土塀や坂道のようなものは印象が強い。ただ舗装は海外の生活では重要なものであろうが、わが国ではそれほどでもないようである。教会前の広場で遊んでいるイタリアの子供達にとっては、教会前の石の階段や石だたみは、人体と大地との接する硬さの体験から言っても、当然〝原風景〟となりうる種類の素材であろう。

先般、東京大学の建築学科約四〇名の学生について幼少期の記憶に関するアンケートを行った。それによるとそのうちの約二五％は少なくとも樹木や木登りについてふれている。例えば、三本のくぬぎの木、一本のヒマラヤ杉、楠の木、栗の木、銀杏の木、等であって、どれも大樹として風格のあるものである。また、地方に育ったものには小川や土手についてで述べたものが多く、都市に育ったものは、坂道、石の階段、空地について述べているものが多い。これらの学生はまだ自然と連帯した〝原風景〟を持っているようであるが、今後、時代の推移とともに公団の団地の鉄筋コンクリートの箱の中に重要な人間形成期をテレビと共にすごす青年が続出することを真剣に考えなければならないと思う。それらの青年はすべて、他人の体験がテレビのようなメディアを通じて自己の知識として体内に蓄積されるという新しい型の人間である。それに対し、ヨーロッパの国々は住いの環境に対してもっと見識があり哲学があるということが言えよう。また、テレビのようなものが日本ほど進歩していないのは技術の問題でなく、人生哲学の問題として敢えてそのようにしているのではないかと思われるふしがあるのである。

さて、「原風景」の問題をはなれて、現実のわが国の街並みはどうであろうか。よく、わが国の街並みはなかなか絵にならないと言われている。日本人画家も滞欧中は結構街の風景を描いても、日本に帰ってくるとなかなかうまく街並みを描かない。わが国の街並みは、街並みを規定する建築の外壁のような「第一次輪郭線」以外に、壁面から突出した雑物による「第二次輪郭線」が多く、本来、街並みを決定する輪郭線の形態がはっきりしていないことは前述したとおりで、これは日本人画家のせいではないと考えられる。パリやヴェネツィアは、たしかに建築や街区の形態がしっかりしていて、ほんとに絵になりやすい骨格をもっているのである。

これと同じようなことが文学の描写にもあるようである。欧米の石造建築を中心とした都市は小説に描きやすく、日本の都市を小説に描くことはきわめて困難であり、いくら精密に描いたとしても無意味であることを、奥野健男は『文学における原風景』において述べている。このことは、形態が「第一次輪郭線」によって決定される欧米の石造建築の都市と、ひらひらしたうつろいやすい「第二次輪郭線」によって決定されるわが国の都市とのちがいにあると考えられる。同氏は次のようにこのことを述べている。「このノッペリした大都市は、どこも画一的に拡がっているだけで、街並みを描きわけられるような特徴を持たない。ただ〝スモッグの空のもとごみごみした平べったい家並がどこまでも続き、車がひっきりなしに走っている〟とか、〝安っぽい二階家の間に時々四角ないし薄ぺらなコンクリートビルが建っている〟とか、〝通りから小路を曲ってアパートや家がごちゃごちゃたてこんだあたり〟とか書けば東京はじめ日本の大都市のどこにも通用する。……日本の都市はどこにも個性がないのっぺらぼうの空間で詳しく描く甲斐もない。描写しなくても読者は自明の風景として知り過ぎているのだ[12]」というのである。

戦前の文学、例えば夏目漱石の小説には、本郷あたりの地名が随分出てくるし、そのあたりの雰囲気も克明に描写されている。それに対して、奥野によれば、今日の日本の小説においては都市は少しも恒常的でなく、固有の観も呈していないという。「日本の小説に都市や街並が描かれていないというのは、日本の作家が都市や街並を描くのが不得手で才能がないためではない。近頃流行の外国を舞台にした小説では、同じ日本の作家が書いているのに実に丹念に精確に外国の都市の姿が描写されている。何々ストリート、ブルバール何々、と通りの名前がいろいろ神経質なぐらい書かれ、教会や広場や公園や家並の様子が鮮明に描かれている。それだけでなく、その都市の雰囲気、というより生活空間も確かな手応えをもって表現されている[13]」というのである。

いかなる空間知覚もそれを知覚する人にとって意味をもつためには、より安定した図式や型の体系に照合されなければならない、とするならば、わが国の街並みには安定した図式や型の体系が存在していないということである。形態的に言っても「第二次輪郭線」が多く、はっきりとした「図」を形成していないし、空間認識としても構造化されていない。空間を直接的に知覚する場合と、社会的文化的に蓄積された或る一定の不変的要素から成り立っている街並みの「イメージ」とはおのずと異なる。眼前に街並みが存在するからにはわれわれは必ず直接的に知覚することができようが、それが或る安定したイメージの体系に組みこまれるかどうかはまた別問題なのである。わが国の街並みは、たしかにうつろいやすく、ひらひらしたものが多く、ごみごみしていて一つの体系として心に焼きつけられる度合いがきわめて少ないということができるのである。さらに、街並みのような都市の一部分でなく、都市全体の骨格についてそのわかりやすさ、イメージァビリティーについて考えた場合にも、いかにもわかりにくい都市もあれば、特徴があってはっきり印象に残る都市もある。また、ただわけもなくだだっぴろくスプロールしている都市もある。また、同じ都市の部分でも、わかりやすい街区もあれば、何回行ってもわかりにくい苦手の街区もある。ニュー・ヨークや京都のような碁盤目の構成の都市や、東京やパリのような環状線による構成の都市もある。なんといっても全体構成のわかりやすい都市は、両翼を飛行機のようにのばした形のブラジルの新首都ブラジリアであろう。ここでは都市の平面形の骨格をのみこみさえすれば、自分の位置と都市全体との関係はたちどころに了解できるようになっている。オーストラリアの首都キャンベラは、キャピタル・ヒルを一つの頂点とする三角形の構成で、キングス大通り、コモンウェルス大通り、コンスティテューション大通りの三本の大通りがある。その間に人工湖バーレー・グリフィン(Lake Burley Griffin)があり、大きな橋がかかっている。キャンベラもブラジリアのような計画都市であり、その平面形を覚えるのは容易であるが、三角形の基本形は時として方向性を見失い、わかりやすさの点では遙かにブラジリアの方がすぐれていると私自身は思う。

パリは誰でも知っている通り、なんといっても世界の街である。セーヌ川をうまくとりこみ、前述のエッジの役割をうまく果たしている。右岸とか左岸とかいうことは、セーヌ川をぬきにしては考えられない街の特色となっている。ノートル・ダムのあるシテは中之島であり、いくつかの美しい橋は歌にまで唱われているが、これもセーヌ川をぬきにしては考えられない特色である。また、あちこちから前述のランドマークとして見えるエッフェル塔や、ノートル・ダム、オペラ、マドレーヌ、パンテオン等の幾多の名建築はパリのイメージァビリティーを極度に高めている。その上、マロニエやその他の街路樹がさらに人々の心を惹きつける。東京には隅田川があり、いくつもの大橋がかかっていたり、築地の本願寺、国立劇場、浅草寺《せんそうじ》、水天宮などがあり、街路樹もよく見ると銀杏、プラタナス、欅、楓等かなり植えてあるが、どれもこれも都市のイメージァビリティーを高めるところまでいっていない。パリが丹念に織りあげられたペルシャじゅうたんであるとするなら、わが国の都市はいぐさでつくったアンペラのようである。やはり街造りの努力の蓄積が少なく、なんといっても時間がかかっていない。戦後三十年にして東京が壊滅から再生したことは世界的な驚異であると思われるけれども、やはりヨーロッパの都市と比較すれば、ほんの即席都市である。

ル・コルビュジエのボワサン計画によって、もし、パリが太陽、空間、緑のブラジリアのような都市になっていたとしたらどうであろうか。ブラジリアのような明快な基本平面形もなく、空隙だらけのすかすかのパリはとうてい世界のパリとはなりえなかったであろう。一九六〇年代の世界経済の拡張期には、本気で、世界の都市のイノベーションが考えられた。いわく空中都市、海上都市、塔状都市……等々、一方に、過去の遺産である名建築や、すぐれた街並み等を保存しようという運動も活発になってきて、保存と開発ということも真剣に考えられるようになってきた。建築家も、新しい都市をつくるとか、都市の大改造を断行するとかいう夢のような提案からだんだんと現実に戻ってきた。

ル・コルビュジエに始まる近代建築運動の都市像は、伝統的な都市や街並みの連続性を否定して、そこに新しい高速道路や高層建築を離れ離れに配置する都市像であった。また、都市再開発や新都心計画にはパリのデ・ファンス計画や新宿の超高層建築の立ち並ぶ副都心計画のようなものがあるが、それがだんだんできあがってくると、建築家が当初夢想していたようなスピード感、機能性、太陽、空間、緑とは裏腹に、この人間不在の空疎さは一体誰のための都市であるかと人々に疑問をいだかせるようになってきた。歩行者を無視したように歩行距離があまりに長く、自動車交通に頼るようなこの種の計画は、若い近代人の街であって、老人や病人の街ではないのである。それは、ローマのナヴォーナ広場や、ヴェネツィアのサン・マルコ広場や、フィレンツェのシニョリア広場などにいるときに感ずる人間性や安心感のようなものが不在で、すぐそばに見えながら立体交叉のため近寄れなかったり、人間が自動車より虐待された道をとぼとぼ歩く新宿副都心のように空疎である。こんなことでは、近代建築運動は世間の不信を買うばかりであることを忘れることはできない。外部空間の構成とは、巨大な都市空間を人間的スケールまでひきおろすために、「大きな空間」を「小さい空間」に分割したり還元したりして、空間をより人間的にしたり充実したりする技術のことである。そして建物と建物との間の空間を「図」に転換しうるような周到な計画をほどこして、ほんとうに人間のための街並みを形成させることなのである。都市には、もっともっと記憶にのこる空間を創るべきであると考えられるのである。

III　引用文献

（1）G・バシュラール著、岩村行雄訳『空間の詩学』思潮社、二一六頁。
（2）G・バシュラール、同書。
（3）芦原義信「小さな空間の価値」朝日新聞、昭和五十年六月五日朝刊。
（4）S・シャマイエフ著、岡田新一訳『コミュニティとプライバシー』SD選書、鹿島出版会、八二頁。
（5）Constantine E. Michaelides, *Hydra : A Greek Island Town*, University of Chicago Press, 1967, p. 60.
（6）K・リンチ著、丹下健三、富田玲子訳『都市のイメージ』岩波書店。
（7）Alvin K. Lukashok and Kevin Lynch : "Some Childhood Memories of the City", *American Institute of Planners Journal*, Summer 1956.
（8）Kevin Lynch and Malcolm Rivkin, "A Walk around the Block", *Landscape*, Spring 1959.
（9）G・バシュラール著、饗庭孝男訳『大地と休息の夢想』思潮社。
（10）奥野健男『文学における原風景』集英社、二九頁。
（11）奥野健男、同書、二九頁。
（12）奥野健男、同書、二〇、二一頁。
（13）奥野健男、同書、一七頁。

Ⅳ　世界の街並みの分析

1　いくつかの問題点

関東大震災や第二次大戦の戦禍をまともにうけた東京のような大都市には、抜本的な都市改造の機会があったはずである。太平洋戦争から復員して焼野原に立った私達のような若い建築家の卵も、真剣に東京の復興について考えた。今から思うと随分未熟な考えかたであったかもしれないが、当時はそれなりに夢があったように思われる。

たとえば、山手線の内側は全部政府が土地を買い上げて、計画的な交通計画と土地利用計画に基づき再開発する。中層、高層の鉄筋コンクリートのアパートを、数箇所の拠点から計画的に建設して、そこに住む住民を次々と吸収してゆく。ドミノ方式ともいうべきこの方法では、個々の日照や環境問題は生じない。また、この山手線内側の総面積のうちから、公共用地、商業、文化、交通等の用地を除いた部分は全部住宅地とする。ここでは、庭つき一戸建のような低層住宅は積極的に禁止する。そうすれば、近隣に学校やスポーツ施設、公園をもった中高層アパートによって、ゆうに数百万人の人口を収容することができる。庭つき一戸建に住みたい人は山手線の外側に住む。ル・コルビュジエの提唱した

「輝ける都市」のように、太陽、空間、緑がふんだんにあって、通勤時間も少ないはずであった。

しかしながら、現実の復興は幾多の試行錯誤をくりかえしながら違った方向にいった。少なくとも都市における公共的土地利用計画よりも土地所有者の私権の擁護のほうがはるかに優先する政策は、地価の昂騰と土地の細分化をうながし、土地は投機の対象となってしまったのである。わが国の戦後の経済復興や技術革新は世界的にまったくめざましいものであったと思うが、土地政策だけはビジョンと実行力に欠けもはや手遅れであり、どうしようもない段階にまで到達していると言っても過言でない。土地をもっている人がその一部を売って一生安楽に暮せる収入があるということなどは、まったく言語道断の土地政策である。それでは、まじめに一生働いても普通の勤労者ではとうてい住いにありつけないはずだからである。

土地の用途の指定などにも随分わけのわからないものがある。たとえば、東京都内を走る国道二四六号とか、甲州街道、中原街道、環状何号線というような重要幹線道路には、道路沿いに路線商業地区の指定がされている。たとえば、赤坂から青山をぬける国道二四六号線は、東西に都心部を走っている。その両側は商業地区の指定があるから、当然、建築の高さといい、容積率といい、用途といい、商業的な機能を有する大規模建築が建つことが予期できる。そして道路の南側と北側は細分化された住居地域である。道路の南側はまだしもよいが、北側は、路線商業地区の商業建築が壁のように立ち並ぶ。この重要道路沿いの商業地区の指定は、一体、どのような都市のイメージでなされたものであろうか。またその後側の住居地区に現在でも一戸建の木造住宅が建っているのは、どのような理由によるものであろうか。これは十九世紀初期の自動車交通のなかったころの大通りの構想であって、現在のように、通過交通のはげしい幹線道路では、両側だけの商業地区の指定は意味がなくなっている。むしろ、道路沿いの商業地区のかわりに少なくも二〇メートル程度のグリーン・ベルトをとって、道路と直角に建築を建て、商店等は幹線より直角に分岐した安全な歩行者用の道路に面させる方法もあったのではなかろうかと考えられる。オランダのロッテルダム等の都心ではこんな方法を実施しているのである(写真47)。一戸建て低層独立住宅は山手線の外側に十分な日照と庭を確保して自由に建てさせるかわりに、山手線の内側では、むしろ低層独立住宅は禁止して中層、高層アパートにしたほうがよかったのではなかろうか。

また、道路は、本来、散歩や買物に出ても楽しく、かつ、美しくなければならないはずである。それにもかかわらず、高速道路の下などはどうであろうか。空をおおう巨大なコンクリートの塊の上を、この地区とは関係ない通過交通が通りすぎてゆく。高速道路の下はまるで地下室のようにみじめで両側の商店も押しつぶされそうである。道路が美しくなければならないなどというのは、まったく関係のないことのようである。ニューヨーク

写真 47　ロッテルダム中心地区計画

のパーク・アヴェニューは、いくつかの大通りの中でも緑にめぐまれた気品のある道路である。このパーク・アヴェニューは、グランド・セントラル・ステーションから出発する列車がこの下を通るようにつくられたもので、随所に排気筒があるが、その代り、通り自身は美しく緑化されているのである。都市を便利にすることは勿論大切であるが、欧米のように、都市や道路を美しくすることにもっと投資してもらいたいものである。パリのセーヌ川にかかっている橋の欄干を見るたびに思うのは、やっぱり、芸術の国であるということであろう。それにつけ、最近のわが国の都市の交通標識の多いこと、美術館や図書館がどこにあるというような、役に立つインフォメーションのためのものならまだしも、スピード制限、追い越し禁止、駐車禁止等の禁止のサインばかりで今や標識公害になりそうである。お金の使いかたもやはり文化や芸術とはほど遠いのである。

さて、現実のわが国の都市はしっかりしたビジョンもないまま幾多の試行錯誤をくりかえして、ついに、世界にこれといって誇ることのできない街並みと住環境をつくってしまった。大都市改造などという夢はすっかり消え去り、ささやかな自己防衛と部分改良のようなことで、せめて現状より劣悪化しないように努力することが精一杯である。

これから、世界の街並みのなかで特色があり興味深いものをとりあげて、それを分析してみたいと思うのである。

2 パディントンのテラス・ハウスと京都の町家

パディントンは、ヴィクトリアン・スタイルのテラス・ハウスが立ち並んだシドニーの古い住宅地で、一時期にはスラム化しかかったこともあったが、その美しい街並みは新しく保存の対象となり、現在は着々と整備され芸術家や知識人が住みつき魅力的な街区となりつつある。テラス・ハウスとは、共用の壁をもった長屋形式の住いを意味し、ここでは狭く細長い敷地に建った通常二階建の住宅のことで、正面バルコニーに鋳鉄製のすかし模様のある手すりをもったヴィクトリア王朝時代の様式のものである。

パディントンは現在、四〇〇エーカーに及ぶ街並みから構成され、そのはじまりは一八〇四年にさかのぼるといわれる。最初は素朴なジョージアン・スタイルの建築であったが、そのあとすぐに華麗なヴィクトリアン・スタイルになり、現在もその様式が大勢を占めている。ここで興味をひかれるのは、狭い敷地に無駄なく建てられている割合に室内はかなりゆったりとしていて、小さな坪庭を利用して季節感もあり、装飾的なすかし模様のある鋳鉄製の手すりは千差万別あるけれども、街並みとしての一体感を与えている点である。

図41　パディントン地図

この地区の道路幅は平均一〇メートル以上あり、建物の高さと道路幅との比率 D/H は一以上一・五程度もあるから、道路はゆったりとして明るい感じがするし、立ち並んだ美しいテラス・ハウスを街並みとして一体的に鑑賞できる(図41、写真48・49)。敷地を効率的に利用しているので、道路が比較的広くとれ、しかも可能な人口密度をかなりあげることができる。実際には、オーストラリアという国柄からか家族構成も少なく、家族一人あたりの占有面積もゆったりとしている。人口密度は、可能な密度の半分程度ではないかと推定される。

ところで、この前面道路からきわめて小さな前庭にある階段を数段昇ると

写真 48　パディントンの街並み

写真 49　パディントンの中庭

玄関の扉の前に立つことになる。敷地幅は三・五メートルほどの狭いものから、その数倍に及ぶものまでまちまちであるが、奥行は敷地の関係から一定である。この玄関扉のわきにはかならず居間の窓が位置している。居間の奥は坪庭に面した食堂となり、その間には折りたたみ戸がついているのが原則で、居間側と食堂側から、採光、通風ができるような間取りになっている。玄関を入ると、正面には通常二階に昇る階段が配置され、二階にはいくつかの寝室が配置されている。主寝室は道路側に面してバルコニーがあり、美しい手すりがこのテラス・ハウスの重要な表情となっている。よく考えてみると、この手すりは家の中からはあまりよく見えないかわりに、道路側からは実によく見える。しかも、この鋳鉄製の手すりは決して安価なしろものではなく、心こめて作り上げた立派な芸術品であると言える。特に、レースのようにすかし模様にしてあるところは建築に透過性をあたえて快い。これは手すりのみならず軒や庇の下側、柱と梁の間のほお杖にも使ってある。この鋳鉄製のすかし彫り金物は、パディントンを一つの統一ある全体としての街並み形成の上にあずかって大いに力があると考えられる(写真50)。また、イタリアの街並みについて前述したように、家と家とがくっついていて隣家との間に空間がないから、道路がゲシュタルトの「図」になりやすく、街並みも見事である。一般的に、オーストラリアは土地も広大で、シドニーあたりの住宅地も敷地が一〇〇〇平方メートル以上もあり、広々とした前庭をもった住宅が立ち並ぶ。そうした中でこのパディントンはそもそも庶民のための住

写真 50　パディントン，テラス・ハウス鋳鉄製手すり

宅であって、遠くイングランドをしのぶ当時の開拓者のノスタルジアの表現である。戦後、ふたたび建築家や文化人によって再発見されるに至り、今日、広々としたあのオーストラリアに小ぢんまりした自分の城をもつことの近代的意義はきわめて興味深いものである。

さて、このテラス・ハウスと似たような構成をもったわが国の住いに、京都の町家《まちや》の形式がある。京都の町家の場合には、道路は幅員六・五メートルの程度であり、D/H はほぼ一に近く、パディントンの場合よりはるかに低く狭く、人間的スケールであると言えよう。鋳鉄製の手すりに当るものは、窓にはめられた木製の格子である。ヴィクトリアン・スタイルの曲線や花模様に対し、直線で構成された単純素朴な木格子には前述したような機能があり、かつ、町家の重要な表情として街並みの形成にあずかって大いに力があるのは、パディントンと同様である(写真51)。家の間取りも一般的には敷地の制約からほぼ同一で、正面には玄関入口と表座敷の格子入りの窓があり、縦につながった部屋には開閉できる襖がはめられ、それが裏庭まで続く。わきには通りぬけのための導線である通り庭や、二階につながる階段をもっている。町家の平均的規模は、『京の町家』によれば、敷地面積一三三・五平方メートル、延床面積一三一・六平方メートル、建蔽率六四・六%といわれ、人口密度は、住宅公団の中層集合住宅の三〇〇人／ヘクタールより高いわりに、一軒の床面積は、公団の平均五二平方メートルの二・五倍と広く、生活内容もはるかに豊かであり、しかも専用の坪庭まで持てるということである。(1) このような、テラス・ハウスや京都の町

写真 51　京都の町家の木格子

家のような長屋形式は、街並みの形成の上できわめて有力であり、狭いながらも専用の屋外空間を持てることや、敷地の大きさのわりに無駄なく室内空間をゆったり取れることなどから、これからの住いの形式として十分に研究する必要があると考えられるのである。ひな段のように造成された無表情の分譲住宅地や、最近はやりのミニ開発の現状に照らして、わが国でも、もっともっとこのテラス・ハウス形式を導入して、よりよい住宅地の環境を創ってゆきたいと思う次第である。

3　チステルニーノとエーゲ海の島々

イタリアの建築家トマソ・ヴァレと私が、プーリア地方にあるアルベロベロを訪ねるべく彼の愛車マセラッティでローマを出発したのは一九七一年の夏であった。プーリア地方はローマの東南にあたり、長靴型のイタリア半島のちょうどかかとの部分に当る(図42)。アルベロベロは石を円錐形に積み上げた屋根の家で有名で、このような形の家の現存している街区はアルベロベロの一部、約三七エーカーに及ぶ範囲で、国の文化財として保存地区に指定されている。トルーリと呼ばれる丸屋根の石造建築は、現在一〇三〇軒ほどあり、約三〇〇〇人の人々が昔ながらに居住しているという。お伽噺の国にでもありそうなトルーリの建築の外壁は石灰で真白く塗られており、屋根は平たく割った石を円錐形に積み上げ、先端部だけ真白く石灰を塗り、その上に石のピナクル(尖塔)をのせてある(写真52・図43)。街の子供達は、お金さえ出せば気にいったピナクルをどの家からでも夜のうちにとってきてくれるとさかんにすすめるけれども、地上から見るとそれほどでもないピナクルも実物は結構大きくて重たいので、さすがにこのすすめにはのらなかった。この地方はイ

図 42　プーリア地方位置図

タリアでも過疎地帯であるようで、このトルーリも安く売りに出ていて、北欧の金持などが別荘に買っているともいう。このトルーリの中に入ってみると、狭いながらも落着いた空間であり、石の厚い壁によって外界から遮断された安定感がある。内壁は外壁と同じように白く清潔に塗られ、天井は円錐形の内側が露出しているものもあれば、木造の床をつくって中二階にしてあるものもある。開口部は玄関の入口の扉といくつかの小さな窓しかない。わが国のような高温多湿の地域ではとうてい考えられない石造の建築であるけれど、洞窟的幻想のただよう不思議な魅力のある内部空間である。

私はかねてから、京都の古い町家を手に入れて、外観はそのままにして内部だけをすっかり小綺麗に改修して安らぎのある芸術的な内部空間を創ってみたいという憧れをもっているが、このアルベ

写真 52　アルベロベロの街並み

図 43　アルベロベロ市街地図
(E. アレン, *Stone Shelters* より)

ロベロのトルーリを見ると京都の町家とはまったく異質の空間ではあるが、同様になにか素晴しく落着く空間をつくってみたいという建築家としての誘惑にかられる。石の厚い壁をくりぬいてニッチ風の穴をつくり、そこにきれいに食器や置物を並べる。すべての物は、壁をえぐって棚にしてそこに納める。石だたみの床には色の美しいカーペットを敷き、超近代的な家具を配置する。小さい明り窓から入ってくる光や、低くしつらえた照明器具をうまく活用してやわらかいムードをつくる。この古い石の厚い壁によって外界から遮断された内部空間は、おそらく京都の町家の畳、襖、障子、格子、京壁、床の間、等によってつくられる内部空間とは全く異質のものであろうが、それだけに平穏で安心感があり、そして魅力のある内部空間を創り出せそうな予感がするのである。

さて、アルベロベロをあとにして、なんとなく車でドライブにでかけた。ロコロトンド、マルティィナ・フランカのような小さな街を過ぎてチステルニーノという田舎の小さな街に着いたとき、この街のたたずまいの不思議な魅力に思わず息をのむ思いであった。

それは、私がかねてから考えていた「一軒の大きな建築のような都市」あるいは「内的秩序の街」といったような表現にぴったりする街のたたずまいであったからである。トスカーナ地方のサンジミニャーノやアッシジのような中世の囲郭都市にも、それらしい内的秩序の街並みがあることはある。しかしながら、これらの街の建築群は次々とつながって、大きな建築のような都市になってはいるが、よく観察するとそれらの建築はやはり時代的に一軒一軒別々である。それはちょうど京都の町家の家並みと同じように統一的な手法や材料でつくられてはいるが、一軒一軒はそれぞれ独自の表情をもっているのと同じことである。

それがどうであろうか、このチステルニーノの城壁で取り囲まれた旧市内では、次々と増殖をかさねてきたせいか、石の外階段をつくって二階に別の住いをつくるというようなことはきわめて普通のことである(写真54・図44)。場合によっては道路の上にアーチをかけてその上にまた別の住いをつくる。そんなことから、思いがけないところに家の玄関があったり、隣の住いのベランダがあったりすることがある。計画した街並みとちがって隣地でも屋上でも空いているところに次々と住いをつくってゆく。ただし周囲の城壁より外にスプロールすることだけはできない。そして家の外壁をきれいに石灰で白く塗ってあるため、どの家も同時代的に見えて、そのことがこの囲郭都市をまるで「一軒の大きな建築のような都市」に見せてくれる大きな要因になっているように思える。街全体が迷路のような白い街、見事なまでに統一のある石の塊のような街、外階段の沢山ある街、道路が住いの下もくぐりぬける街、かねてこんな街も世界中にあるのではないかと思っていた私には、偶然にここに来合わせたことの喜びが胸いっぱいに湧いてきた。

この旧市内の中央には、小さなヴィットリオ・エマヌエーレ広場がある。大勢の街の人達は、イタリアのコルソ(corso)の風習に従って、この広場に出て人に会い談笑している

写真 53　チステルニーノ，ヴィットリオ・エマニュエーレ広場での談笑

図 44　チステルニーノ市街地図(E. アレン，*Stone Shelters* より)

写真 54　チステルニーノの街並み

(写真53)。この広場に面して二軒の床屋がある。その一軒のあるじが、ニコラ・グレコという男である。この床屋は、ジェーン・ジェコブスのいうところのストリート・ウォッチャーであって、この街で起るすべてのことを観察している。ローマあたりのイタリア人でも滅多に来ないこの田舎の街に、私のような日本人がカメラを下げてマセラッティで乗りつければ、たちどころに街中にニュースがひろがる。そんなことからこのニコラ・グレコという床屋と出会って、たちまち親しくなった。私はなんとかこの街の実測図とか歴史的資料のようなものがほしかったが、この床屋は、一九六六年から六七年にかけてアメリカのエドワード・アレンという建築家がこの地方に来て調査研究し、その結果を“*Stone Shelters*”(2)という本にまとめたことを教えてくれた。それ以来、このチステルニーノを何回かおとずれることとなり、またこの床屋とも手紙を交換したりするようになった。また、多くの建築科の学生も世話になってきた。最近になって癌で死亡した旨その息子から便りが来て、まことに残念な思いである。この街の有力なストリート・ウォッチャーがひとり減ったことは、私にとっても、おそらくこの街の人々にとっても淋しいことにちがいない。

このように真白く石灰を外壁に塗って街全体が一体化されているのは、南イタリアのみならずスペインにもギリシャにも北アフリカにもある。しかしながら、その統一感や清潔感の点で優れているものは、なんといってもエーゲ海に浮かぶギリシャの島々にある街並みであろう。そもそもこの白い家々は地中海沿岸の乾燥地帯に分布し、真青な空や海を背景とし緑の少ない灰色の自然と対比して人工の美しさを提示しているのである。窓は極度に小さくしかも数少なく配置し、強い日射による影響を少しでも減少させている。真白い石灰を塗れないような全面ガラスばりの近代建築などはとうていこの地方になじめないし、また日射の点からいっても具合が悪いことである。

アテネの港ピレウスを出航すると、南六〇キロほどでイドラ島に到着する。エーゲ海の島巡りのうち最も近く手頃なのはこのイドラ島であろう。現在はアテネからの日帰りもできるので、夏には大勢の旅行者で島中がにぎわう。この島の悩みは水が不足するということである。春から秋にかけてこの島は快晴に恵まれ、雨はまったく降らない。夏は三〇度程度であっても湿度が少なく爽快である。なんといっても真青な大空、真白な家は、われわれの旅情をそそる(写真55)。十二月、一月は曇天で結構寒く、ここがギリシャの島々かと思うほどである。昔からシスターンをつくり、雨水を溜めたという記録があるが、これは恐らく冬の雨のことであろう。この島の年間の降雨量は四〇ミリ程度で、わが国なら一日で降る雨量である。

イドラはペロポネソス半島に接近した位置にあるため、古くは一時的避難等に使われたようであるが、人々が定住したのは十六、七世紀と言われている。一八二〇年ごろは最盛期で、その人口も二万八〇〇〇人に達したが、幾多の戦乱や海賊の襲撃や水の不足等の原因により、人口は減少の傾向にあった。最近では人口二五〇〇人程度と言われる。

写真 55　イドラ島の眺め

ギリシャの島々で海の見える傾斜地に街を造る技術は、そもそもは海より侵入してくる海賊から街を防禦するためのものであったが、現在はそれが観光資源とされ、エーゲ海沿いの低層集合住宅の名を高からしめている。街をよく観察すると、なかなかよく防禦のことが考えられていることがわかる。道路は斜面の等高線沿いに走る道と、それにほぼ直交して斜面を登る道とに大別される。海岸の波止場に面した広場はこの街の中心であり、街としてのすべての機能はここから始まる。そこで、道路もこの広場から放射状に等高線に直角に坂を登る。この道は数段の階段をもったものが多く、馴れない侵入者は急ぐと転びやすい。これに直交する等高線沿いの道はうねうねしていて見通しがきかないが、段のないのが普通である。これはわが国の武家屋敷の道路割と似た考えかたである。さて、家々から中心の広場に出るのはきわめてやさしく、段のある道を降りれば、必ず中心の波止場に出られるようになっているけれども、その逆は必ずしも容易ではない。この等高線沿いの道にある石造りの壁は二重三重に敵の進入を防禦するように計画してある。道は必要以上に広くとらず、驢馬が荷物を背負って行きちがえる程度とし、縦横の交叉点には樹木を植えてある。家が傾斜地にあるため、襲撃にあたっては下の家の屋根は上の家の堡塁となる。また、窓のような開口部は数も少なく、大きさも小さくして安全性を高めてある。家の玄関入口の扉は、単に道路に面するというよりは、波止場の方向から来る人を見定めやすい方向に向いているものが多い。

このように防禦を中心に工夫されて造られた街並みを現時点で見直してみると、近代都市計画の手法で見落されがちの小さな創意や人間性のようなものをしみじみと感じることができる。風光明媚なこの地方の環境とあいまって現代的価値を高めている所以である。この一軒の大きな建築のような街においては、波止場の広場は市民の出合いの居間であり、道路は家の廊下である。街の中には親しみと安らぎがあり、家族的一体感と内的秩序があるのである。コンスタンティン・ミカエリデスの調査によると、[3]家の標準的な平面は、道路―塀の中の私的な屋外空間―室内という構成をとっている。家が前面の道路に直接面している点はイタリアの街並みと似ているが、玄関扉を一歩家の中に踏み入れると、玄関ホールにあたる空間は屋根のない屋外の庭になっている。その庭から今度こそ、家の玄関の扉をあけて家の内部に入るのである。この街並みは、一見、イタリアの街並みと同じように見えるが、私的な中庭のある点がスペインの民家と同様に特徴がある。土地を集約的に利用していて敷地の小さいわりに無駄がなく、部屋数も沢山あり、部屋もゆったりとしている。

このギリシャの島の街並みでとりわけ心を惹かれるのは、斜面を利用して階段状に家が建ち並んでいることである。前の家の屋根が後の家の屋上テラスになっており、この屋上テラスからは真青な海を見下ろすことができる。また逆に海上から島に近づいてゆくときは、地中海海岸のどす黒い島肌に真白い家々が折り重なって浮き上がって見える。この不毛の大地に人間が創った街並みを真白く塗ってみたい、という住民の強い欲望がひしひしと感ぜられるのである。このような景観のなかで圧巻なのは、サントリーニ島であろう(写真56)。この島はアテネとクレタ島のほぼ中間に位置し、そのティラの街は、この世の街とは思えないほどに美しい。私はこの島を二度訪ねたことがあるが、二度とも夏であった。冬にはエーゲ海の島々にも嘘のように陰鬱な日のあることは、イドラ島の経験から想像はつくが、このあたりの強烈な太陽に照らされた夏景色はなんとも素晴しい。ティラの街は三〇〇メートルもある断崖絶壁の西側頂上近くに建設されたものである。船は早朝ティラの街の真下の沖合いに到着して碇泊する。逆光に輝くこの街のたたずまいは、いかにも見なれないものであり、なにかがここにあるのではないか、と心をときめかされる。船からはしけに乗って崖下の船着場につくと、沢山の驢馬が待ちうけている。ここはヴェネツィアの都と同じように自動車の存在しない街である。ほぼ四五度もあろうかという崖に、つづら折りに石の階段がつづいている。驢馬は人々を乗せて一気にこの石の階段を昇るのである。

なんといってもこのティラの街の特徴は、急勾配の傾斜地に折り重ねられたように造られた真白い低層集合住宅群によって形成されている景観である。乾燥地帯にあるこの地方では、家の一部はこの崖の中に掘りこんであっても快適であり、また、降雨量も少ないので家はすべて平らな陸屋根形式をとり、その屋根が屋上テラスとなり幾重にも上下に重な

写真 56　サントリーニ島ティラの街並み

写真 57　階段状の街並み(サントリーニ島)

写真 58　階段状の街並み(パトモス島)

っている（写真57・58）。この屋上テラスは、ほんとに小さな空間であるが、西側が海の方向に開かれ、後側が壁面でまもられた、きわめて落着きのある空間である。ここからさえぎるものもない大空の下、眼下の真青な海を見下ろす俯瞰景は、まずもって世界の絶景と言うことができよう。

4 ペルシャの街——イスファハン

テヘランがイランにおける東京とでもいうなら、イスファハンはさしずめ古都京都とでもいうことができよう。テヘランは北部ダーバンでは海抜二〇〇〇メートルもあり、街全体は北から南に向ってゆるく傾斜している。街の中心部でも海抜一三〇〇メートルの高地にある。このところ急激に人口が膨脹し、高速道路や高層建築の建設による近代化が急速に進む一方、市内でも比較的高度の低い南部ダウン・タウンにあるバザールに行ってみると、もうもうたるほこりと異様な香りと人々の雑踏は昔ながらのペルシャの市場を彷彿させてくれるのに十分である。

イスファハンはテヘランの南約三〇〇キロにあり、ペルシャのダレイオス一世の創設したアケメネス王朝の首都であるペルセポリスとテヘランのちょうど真中あたりに位置する。イスファハンはこれはまたなんとも見馴れないペルシャの古都である。このあたりは西アジアから北アフリカにまたがる広大な中近東地域の東に位置し、自然条件は大体において砂漠的乾燥地帯であり、生活様式はイスラム文化の伝統にもとづいているという中近東独得の共通点がある。「人間到るところに青山あり」という、緑と水に恵まれたわが国に生れ育った私にとっては、この砂漠的乾燥地帯というものは直感的に異質なものであり、それによってもたらされる衣食住の生活様式は、まったくなじみにくいものに思われた。ニューギニアやハルヘラ島のような熱帯多雨気候のジャングルにはそれほど違和感もなく住んだ経験がある私も、この砂漠的乾燥気候によってもたらされる生活様式は、言いようもなく異様であった。

世界の中にはそれぞれ異なった気候条件が存在しているが、半世紀も前にその気候区分を提唱したのはW・ケッペンであった。ケッペンはそもそもは植物学者であったが、のち気候学の専門に入ったという経歴から、植生の分布を調査することによって気候を区分することを考えた。現在、このケッペンの気候区分は実情に合わないとする批判もあり、他の学者による新しい提案もあるようではあるが、建築家のような視覚的人間にとっては、植生による気候区分は視覚的現実にもとづくものとしてきわめて魅力がある。福井英一郎のケッペンに関する記述によると[4]、世界の気候は樹木気候と無樹木気候に大別される。樹木が生育するには気温と降水量が必要であり、無樹木地帯は気温か降水量の一方か、あるいは両方を欠く地帯である。そして地球上には七種の樹木気候と、四種の無樹木気候が存在すると言われる。その中で本論に関係深いものは、樹木気候のうち温帯多雨気候(C_f)、温帯冬雨気候(地中海気候)(C_s)であり、無樹木地帯では草原気候(B_s)、砂漠気候(B_w)である。例えば東京は雨の最も多いのは九月で、雨の少ない一月との降雨量の比率は一〇以下であるから温帯多雨地帯(C_f)と区分され、植生的にみて十分に樹木の生育する地域であり、「人間到るところに青山あり」というイメージに合致する環境である。地中海気候は温帯冬雨気候(C_s)であり、夏はかなり乾燥し、わが国のような夏草は育たないが、冬の雨によって植生的にみて樹木が生育するおだやかな地帯である。前述の(B_s)(B_w)のBは乾燥気候のことであり、草原気候との間に年降水量の差があり、砂漠気候では年降水量(r cm)と年平均温度(t°)との間に $r<t$ の関係が成立するのである。

このような乾燥地帯での建築は、どのようにして建てたらよいのであろうか。木材は、柱や梁に使えば圧縮力や曲げモーメントに耐えて構造材となり、板材にすれば棚、机、扉、屋根材、下見板等に便利に使える造作材となる。無樹木地帯のこの地方では、庶民の住いにはとうてい木材を使うことはできない。イランの南部カスピ海側の降雨地帯は別として、この地方の建築は泥を主体としてつくられ、日乾し煉瓦でつくられているものもある。このきわめて原始的な泥の家は、ある意味では自然の摂理にかなった断熱性能の高い家である。しかしながら構造力学的にはこわれやすく耐候性にとぼしく、素材の質感も粉っぽくほこりっぽい。そしてなにより陰鬱である。地中海沿岸の石造の真白な低層集合住宅にみられる清潔感と明快さが欠如しているのである。それに木造や石造は、輪郭線がはっきりとして直線的であり、また材料の硬度からくる堅牢さがあるのに対し、泥の家や日乾し煉瓦の家は輪郭線が鈍く土まんじゅうのようにかどが丸く、材料のやわらかさやもろさからくる頼りなさがある。庶民の住いでは、人間が自然に対抗してつくった地中海沿岸の白い家のように、住いを自然から画然と分離することはできない。唯一の人工的色彩は泥の床の上に敷かれた極彩色のペルシャじゅうたんだけである。板材がないから、食卓も寝台もない。すべての生活は、このペルシャじゅうたんの上で食事も睡眠も団欒も行われるのである。こんな泥の家や日乾し煉瓦の家が、このイスファハンには現存しているのである。

私がはじめてイスファハンを訪ねたのは、一九七〇年夏のことであった。イランのファーラ王妃は、パリのボーザールで建築学を学ばれているときパーレビ国王に見そめられて結婚されたという経歴をお持ちで、世界中の建築家を集めて会議をすることを考えておられた。そんなことから、私はファーラ王妃に招かれてイスファハンのシャー・アバス・ホテルに滞在して会議をしたり街を歩き廻ることになったのである。たしかに街並みのたたずまいや、広告の文字、行きかう市民の表情等には見馴れぬものがあった。しかしながらここにはなにかがある、乾燥地帯の文化のようなものがある――そして、もしこのような苛酷な風土の中に生れ育てば、この街並みがいかにも理に合ったものであることを教えてくれるようななにかが存在することを感じた。肌にあわないとか、好きになれないと思う前に、いま一度この街を研究すべきであると考えた。イスファハンを去ってしばらくすると、彩釉タイルで飾られた極彩色のモスクや、迷路のようなバザールや、大地にへばりついた泥の家などの部分部分が、不思議な調和をもった全体として統一されていることに気がつきはじめるのである。この街並みこそは、人間がこの地方の風土をどのように了解したのかを示すものであり、またイスラム文化を背景として、多年にわたって築かれてきたものでもある。私はこのような理由から、一九七七年、再度イスファハンを訪ねてみた。そしてこの街並みの意味するものがすこしずつわかってきたような気がしたのである。

イスファハンの航空写真を見ればわかる通り、住宅は狭い道にびっしりと並んでいる(写真59)。別の表現をすれば、びっしりと並んだ住宅の中を狭い道が通っているとも言える。そして、家はすべて内側の中庭に向って開放されているので、日乾し煉瓦の壁は道沿いに立ち並ぶことになる。写真の凹んだ空間は中庭である。八木幸二によれば、「乾燥していて気温の日較差が大きい内陸部では中庭型式がよい。通風はあまり必要としないが、冬季に日照を必要とするため窓は中位がよく、町全体をコンパクトに計画する。壁、屋根には熱容量の大きい重量材を使用し、その熱伝達のタイム・ラグを利用して昼間の暑さを夜まで持ち越す。これにより夜間の室内温度が外部より上昇し冬には暖房を兼ねるが、夏の暑さが厳しく長い地域では野外(屋上・中庭・ベランダなど)の就寝スペースを計画する(5)」という学問的考察が、多年の住民の知恵によって見事に実現されているのを発見したのである。私はイスファハン郊外の農民の泥や日乾し煉瓦でつくった家を訪ねてみた。日乾し煉瓦は、粘土質の泥を一定の煉瓦の大きさにかためて地面の上に並べて乾燥させた

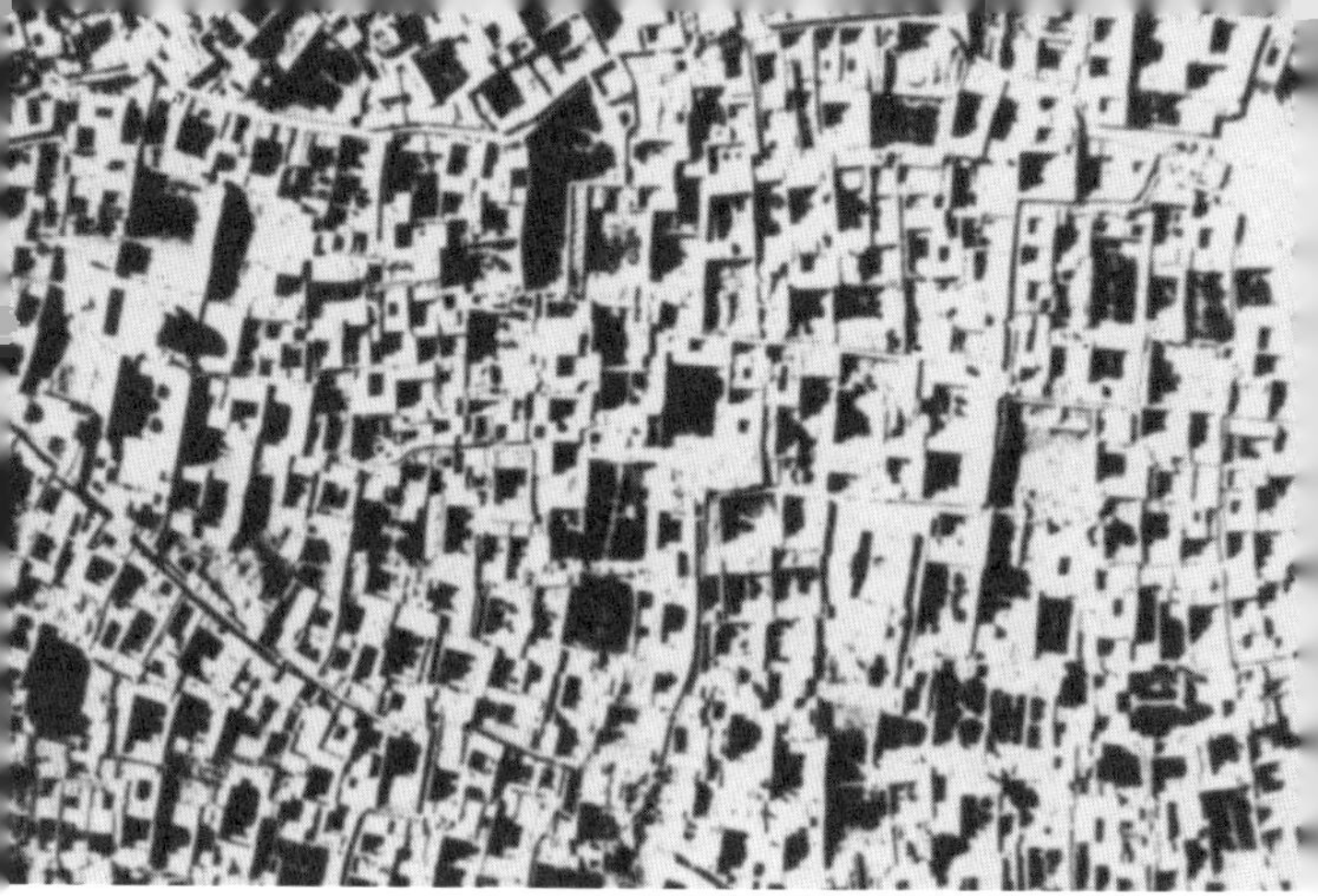

写真 59　イスファハンの航空写真(N. アルダラン，*The Sense of Unity* より)

もので、最近は焼成してさらに強度を増したものもある。いずれにしてもイラン地方には地震があるので、これらの材料は構造的に不安ではあるが、現実には今日でも使用されている。農民は案外人なつかしげに私を迎えてくれる。銀製のサモワールのようなもので、お茶をつくってもてなしてくれる。前述したように木材、特に板材が手に入りにくいので、机、棚、食卓、寝台のようなものがない。入口の木製の扉は例外で貴重品である。土間の上にはペルシャじゅうたんが敷かれている。棚は壁の土を掘りこんでニッチとし、そこに食器や什器を置く。寝具は布団と毛布のようなもので、丸めて隅の床の上に置いてある。すべての生活はこのペルシャじゅうたんの上で行われる。何故、モスクのドームが彩釉タイルで飾られ、ペルシャじゅうたんには美しい色模様があるのかが、この土色の空間に入ってみてやっとわかったような気がする。人々はこのような美しい色彩がなくては暮せないという、ぎりぎりの生活の条件なのである。じゅうたんは決して贅沢品でもなければ、趣味品でもない。生活に密接した実用品であり、精神のよりどころですらあるのである。

イスファハン市内の家は電化され西欧化されて、このような農家とは生活内容は異なるようではあるが、中庭形式の家々には、基本的には同じ原理がはたらいていると考えられるのである。前述のチステルニーノやサントリーニでは建築の材料を同じ白色に塗って街全体が一軒の大きな建築のような「内的秩序」が存在することにふれたが、これらの白い家では、その一体性が灰色の大地から画然と遊離してわかりやすい。このイスファハンの土色の家は隣同士連続して、それこそ一体化しているが、地面の土色と同色であるため、この「内的秩序」の存在を了解するのに幾分時間がかかるのではないかと思う。しかしながら、回数をかさねるに従って、この街全体の一体性と秩序感は、宗教、人種をこえて心を打つのである。目をあざむくようなモスク以外は、すべてが大地が盛り上って一軒の大きな建築になったように連帯している。その大きな泥の家の集合の全体は静かに力強く街並みを規定し、このモスクでさえ、やがては街全体の環境の中に吸収されて一体化されてゆくのである。

七世紀中葉にはじまるアラブ勢力の台頭によりササン朝ペルシャ帝国は亡び、その後七世紀末から初期のイスラム建築は栄え、十一世紀には中期イスラム建築としてセルジュク朝時代の名建築、イスファハンの「マスジッド・イ・ジョメー」(金曜のモスク)ができた。シャー・アバス大帝は十六世紀末に首都をこのイスファハンに移し、大規模な都市計画により既存市街の西南に新しい街区を建設した。その当時は、イスファハンも城壁に取り囲まれた囲郭都市であったという。現在は遅まきながら近代化の波がおしよせ、古都イスファハンも変化しつつあるが、それでもテヘランのような超スピードの変化でないのがせめてもの救いである。なんといってもこの街の中心はシャー・アバス大帝のつくった「メイダン・イ・シャー」と呼ばれる「王の広場」であろう。そして、この広場とセルジュク朝時代の「金曜のモスク」を結ぶ線状のバザール街は、現在でもイスファハンの昔をしのぶ魅力ある街並みである。そして、この線状のバザール街がイスファハンという都市の背骨となっている、と言うことができよう。私の友人であり、かつイランの中堅建築家であるナダール・アルダランは建築的な調査の結果、一九六九年はじめてこのイスファハンのバザール街の全平面図を完成した(6)。それでは約一・六キロのこの道を彼の地図に従って、「金曜のモスク」から「王の広場」に向って歩いてみよう(図45)。このモスクは前述したようにセルジュク朝時代の名建築であり、イスファハンのもっとも由緒あるモスクである。約五〇メートル×七〇メートルほどのコート・ヤードの南側には二本の美しいミナレート(尖塔)をもったドームがあり、人々は地面に土下座してメッカの方角に向って拝礼してい

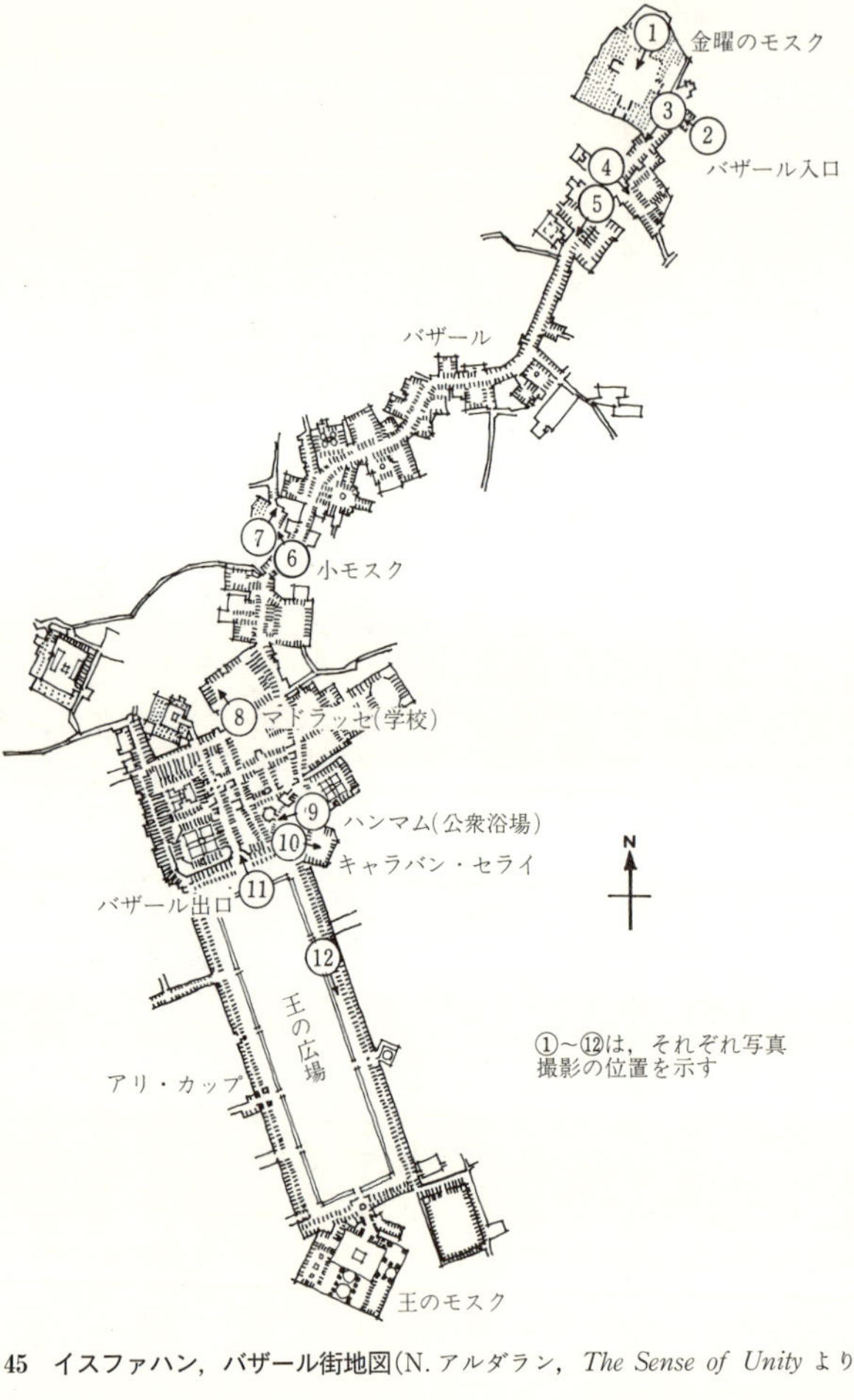

図45　イスファハン，バザール街地図(N. アルダラン，*The Sense of Unity* より)

る(写真60の①)。このコート・ヤードの周辺には二層のアーケードがあり、完全な閉鎖空間となっている。この地方の建築は住宅でもモスクでもすべて内側に向って開放されているのが、わが国の木造住宅のように外側に開放された建築とは、空間構成の点からみて基本的に異なるところである。ブルーを基本色としている彩釉タイルは眼をあざむくほど美しい。なによりもこれらの宗教建築では、キリスト教の十字架や仏教の仏像のようなものが一切ないことである。これは建築空間的には焦点がないようにも考えられるが、日射の強烈なこの乾燥地帯の、しかも極彩色のほどこされたアーケードに取り囲まれた閉鎖空間で遙かにメッカに向って拝礼することはこの地方の砂漠的風土に合致し、宗教建築の構成の上からいってもなにか合点がゆくような気持になるのである。このモスクの中を歩いてゆくと、扉とか間仕切りというものがなく、すべての空間は連続している。そしてある部分は日射に照らされ、ある部分は影となる。その対比が強烈で、まさに「明」と「暗」――「光」と「影」――「黒」と「白」である。その中間の「曇り」とか「灰色」というものがない。実にからっとした空間なのである。私自身もこのモスクの中にいると、体内の水分がぬけて爽快な乾燥的気分になるのである。

さて、このモスクからいよいよバザールに入る(写真60の③〜⑩)。バザールの屋根は日乾し煉瓦をアーチやヴォールト状に構成してあり、その両側には商店がぎっしりと並んでいる。屋根の天窓から入ってくる陽の光は、劇場のスポット・ライトのように光束をくずさ

③

④

⑦

⑥

⑤

⑫

写真 60　イスファハン，バザールの連続写真

①マスジッド・イ・ジョメー(金曜のモスク)

②真直ぐ行けば金曜のモスク，
　左へ行けばバザール

③バザール風景

④バザール風景

⑤バザール風景

⑥小モスク入口

⑦小モスク内部

⑧マドラッセ(学校)

⑨ハンマム(公衆浴場)

⑩キャラバンセライ

⑪バザール出口

⑫メイダン・イ・シャー(王の広場)

①

②

⑨

⑧

⑩

⑪

ない。商品は衣類、食料品、金属、食器等のこの地方独得の日用品がほとんどで、わが国の工業製品を見馴れた眼には、昔ながらのペルシャの市場を連想させるのに十分である。このバザールを歩いてゆくと、ところどころに商店の割れ目があって、そこから横に曲れるところがある(写真60の⑥)。そこを曲って入口を入ると、大体において中庭形式の建築がある。それは小さいモスク(写真60の⑦)、マドラッセ(学校)(写真60の⑧)、ハンマム(公衆浴場)(写真60の⑨)、キャラバンセライ(写真60の⑩)である。キャラバンセライとは、商人が驢馬などの動物に運ばせてきた商品をおろして店開きをする場所である。これらの機能が、バザールを主軸とする主導線に房のように附着しているのである。それにもかかわらずバザールの喧噪な雰囲気から、まるで別世界のように独立しているのである。さらにいくつかの割れ目からは住宅街へと導かれる。住宅街は中庭形式で、中の生活は外からうかがう余地は全くない。このバザールではわが国や欧米の商店街には得られない五感の体験がある。例えば聴覚について述べると、建物が吸音性の高い泥質の壁体でできているせいか、反射音が少なく直達音の多い空間である。そして、きわめて喧噪であるにもかかわらず、大きな坩堝《るつぼ》の中にでもいるように音は鈍く、キンキンとしていない。嗅覚的にも、特殊な香料やその他のこの地方独得の臭いと埃や塵が神秘的に混合している。さて、いよいよこのバザールの一・六キロを歩き終るとパッと空間はひらける。トンネルのような陽の当らなかった空間から、急に広々して陽のさんさんと当る大きな広場に出る(写真60の⑪)。この広場が、前述したシャー・アバス一世のつくった「メイダン・イ・シャー」即ち「王の広場」であり(写真60の⑫)、その広場の北側に出てきたのである。広場の大きさは、東西一六五メートル×南北五一〇メートル[7]もあり、カミロ・ジッテによるヨーロッパの大形広場の平均の大きさである五八メートル×一四二メートル[8]より遥かに大きい。また、向いあった建物間の距離と建物の高さの比 D/H は短辺方向でさえ一〇以上もあり、外部空間としての閉鎖条件や緊張感はイタリアの広場には劣ると考えられる。しかしながら、薄暗いバザールをぬけてきた者にとっては、この場合閉鎖条件よりも開放性の方がより望ましいように思われる。この広場はきちんとした矩形であり、周囲にめぐらされた二層のアーケードはイタリア・ルネサンス期のアーケードにも比較できるほどのものであり、D/H が大きいのにもかかわらずこの広場にリズム感と一体感を醸成しているのに役立っている。現在は一階には各種の商店が入っており、二階は白いプラスター塗りのアーチ型のニッチになっているが、裏側に廻ってみると、日乾し煉瓦の土の色が見える。この凹型の白いニッチは等間隔に繰り返されていて、広場の形が整然とした矩形であることと合せてきわめて整合性がある。バザールの空間の不規則性と対比して、その著しい差のある点に注目すべきであろう。

この広場に、四五度角度をふって配置されている二つのモスクがある。広場の東側にあるのが、マスジド・イ・シャーク・ルトファラー(Masjid-i-Shaykh-Lutfullah)、南側にあるのがマスジド・イ・シャー(Masjid-i-Shah)である。前者は中庭も尖塔もないが、後者はなんといってもこの広場の目玉ともいうべきモスクで、アーチ型に掘りこんだゲートは二本のミナレートと共に人々を誘い込む。ここで四五度右に曲り、コート・ヤードに達する。正面には極彩色の二本のミナレートとドームがあり、メッカに向って、人々はここで礼拝するのである。西側にはアリ・カップ(Ali Qupu)宮殿があり、この階上からこの広場での行事を見下ろすことができる。この地方の建築がすべて土の中に掘りこんだ凹型空間であるのに対し、このアリ・カップの階上は木造の柱を使った透過性のある凸型建築と言うことができよう。

世界中の都市が年ごとに国際化し均一化する傾向のなかで、現在でもイスファハンはこのような乾燥地帯の文化の象徴として生き続けている。そして、このイスファハンの調和ある街並みは、このような風土と伝統からもたらされたものであり、いかに人間性に富んだ街並みであるかを理解するのには幾分時間がかかる。それは、イタリアやギリシャの建築のように石造でないからであろうが、石造も日乾し煉瓦や泥の家も、畢竟、乾燥地帯に土着した建築であることには間違いないのである。

5　チャンディガールとブラジリア

私達のように戦前に建築を学んだ学生にとっては、ル・コルビュジエの作品集は、なんといっても素晴しい天の啓示であった。その長方形で横綴じの本の中には写真や図面が沢山あり、英語とフランス語とドイツ語の三カ国語で書かれていた。特にその図面の美しさは抜群であり、立面図や断面図は勿論のこと平面図や配置図にいたるまでそれはまるで芸術品のようであった。その平面図や配置図を額にいれて部屋にかざれば、ちょうど、近代絵画のように見えた。建築の設計図面にはいくつかの考えかたがある。一つは、図面の一枚一枚の構図が調和がとれていて美しく巨匠自身の筆跡がありその図面だけでも芸術的価値のすぐれたものであること。今一つのは、図面とは実際の建築を実現するための手段であり誰がどのような方法でかいたものであっても、場合によってはコンピューターのような機械がかいたものであっても文章や計算式で表現したものであってもかまわない。要は、建築を計画通りつくりあげるための手段であるという考えかたである。今一つは、図面自身にも機械製図等よりも構成に価値をおくとともに、実際の建築のできばえにも価値をおくとする中間的な考えかたである。最近の趨勢は国際的にみて図面自身の芸術性の減少の方向にあるとする考えかたが強くなっているが、一方ではアメリカなどでボーザールの図面の再評価が行われているのは、ニュー・ヨークの近代美術館のボーザール展以来であろう。

ル・コルビュジエは、しかしながら、一枚一枚の図面によって表現されるものを大切にしてきたと考えられる。私は、コルビュジエの図面の隅に押してある数字やローマ字のステンシルが図面をひきしめる上において重要な役割を果たしていることに気がついた。また、その図面の美しさや整合性に心をうばわれるとともに、彼の饒舌な文章や設計図と彼の実現した建築との関係がどのようになっているのか、彼にとって図面は手段なのか目的それ自身であるのかを、自分自身の眼で確かめてみたいと思うようになっていた。そしてとうとうその機会がやってきた。

一九五四年の夏、私は大西洋を船でわたってパリに着くや、コルビュジエが図面に使っていたステンシルを買いこんだあと、早速、大学都市にある同氏設計のスイス学生館を訪ねてみた。この学生館は個室が横に並んでいる空間と、階段とかエレベーター、便所のように縦につながる空間とは、異質な空間秩序に属するものであることから平面計画的にはっきりと分離して、それを外観にも表現するという当時としては画期的な設計であり、現在多く使われている「コアー・プラン」(core plan)のはしりであったと思われる(図46・写

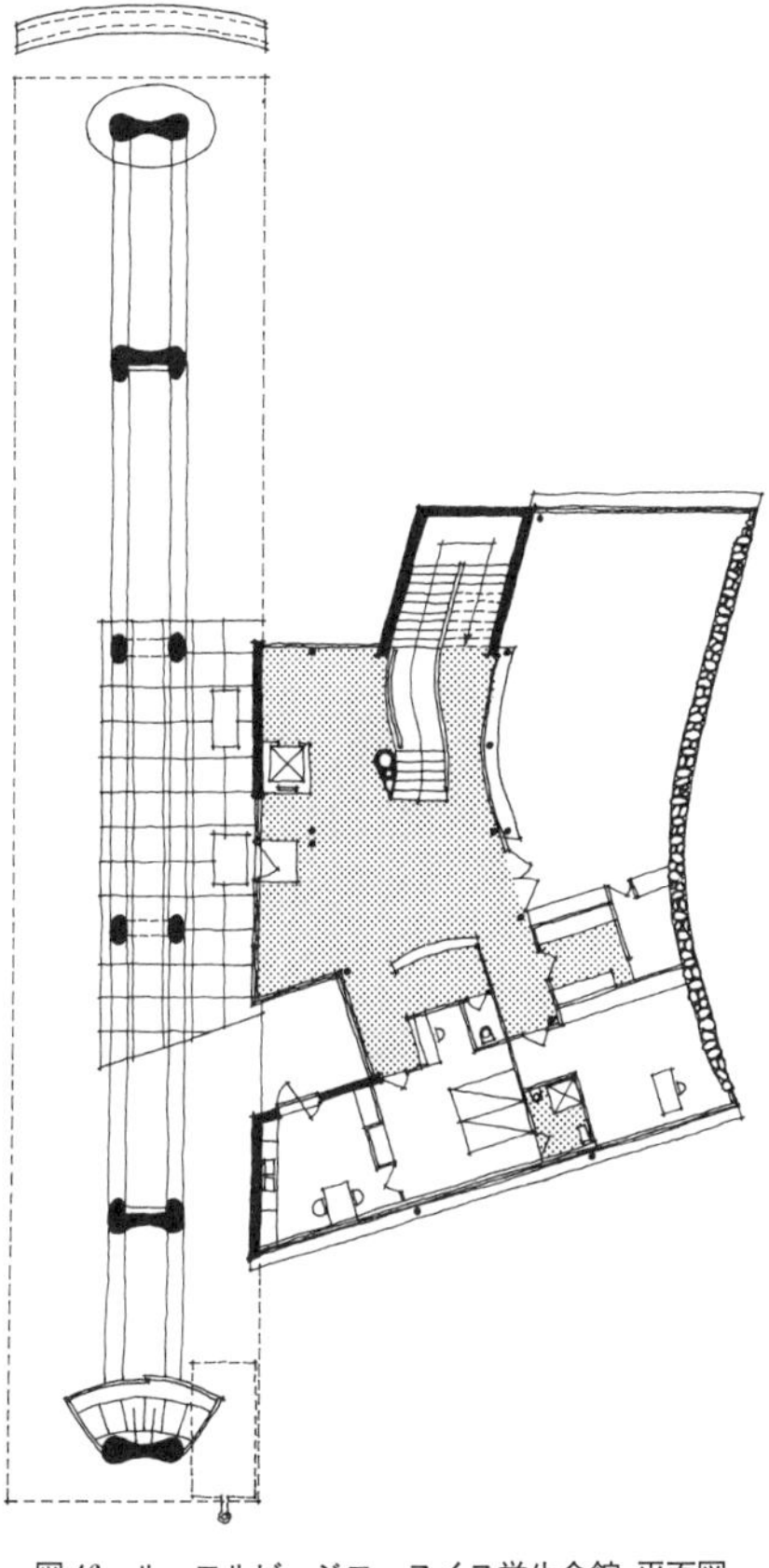

図 46　ル・コルビュジエ，スイス学生会館 平面図

写真 61　スイス学生会館妻側

真61)。この建築は実際にいってみるとなかなかうまくできていて、表現も思ったよりひかえめな建築であるという印象をもった。しかし、その平面計画の考えかたには、たしかに当時の建築家の目を見はらせるのに十分な洞察があったと考えられるのであった。

次にマルセイユにある巨大な高層住宅、ユニテ・ダビタシオン(Unité d'habitation)を訪ねた。この高層アパートはその断面図がとくに美しく、三階おきにある中央廊下から下の階に入ってその直上階に吹抜けでつながる住居ユニットと、上の階に入ってその直下階に吹抜けでつながる住居ユニットとが交互にかみ合せられているため、どの住居ユニットも必ず両側の外気に面している。通常の高層アパートでは、片側廊下の形式であれば居室は一面しか外気に面せず、中廊下形式であれば、居室の一つを南側にとると他の居室は必ず北側になるという宿命をもっている。このユニテの断面形を見る限りこの欠点は取り除かれ、しかも各住居単位はスプリット・レベル(split level)の変化のある空間構成をもちながらかみ合せられており、実に見事な設計であるという期待に燃えてマルセイユに向ったのであった。この巨大な高層アパートは遠くから見てすぐにわかった。南フランスの強い夏の陽のもとで彫りの深い窓廻りははっきりと陰影を打ち出し、その外観のプロポーションはまさにこれ以外には考えられないというほどにとぎすまされたものであるという印象をもった。打放しコンクリートと極彩色のほどこされた窓廻りの対比は、だんだん近づくと比較的粗雑なものであることもわかってきた。さらに近づいて、玄関のドアー、階段室、エレベーター等に到着すると、なんとも粗雑に見えた。それはイタリアやギリシャの住居に見られる原始的な素朴さとは異なり、一見、近代的な工業製品のようであるけれど精度は低いという印象をまぬがれなかった。一体、誰がこの現場の工事監理をやったのかと心配になった。さらに、住居単位の中を見せてもらうと、断面図から期待していた空間よりは遙かに細く、長く、室の中央部のあたりには使いにくい空間が残り、いかにも住みにくそうに見えた(図47・写真62)。このような細長い平面形は、前述のパディントンや京都の町家のような中庭形式のコート・ハウスには時々見られる。ただしこの場合には、外光の入る中庭があって部屋の中にプライヴァシーのある屋外空間をとりこむことによって生活空間が成立している。ユニテの場合は、一ユニットの幅が四・一九メートル、長さはその五倍ほどもあって、建築平面の計画の常識としては、中庭がなくてとうてい使いよいものにはならないと考えられる寸法である。そこの住人に感想を聞くと、いかに住みにくいかを次々とまくしたてるのであった。

断面図と平面図(図47)とを同時に参照すればわかるとおり、上部ユニットの住いでは中廊下にある玄関を入ると手頃な大きさのダイニング・キッチンと居間がある。内階段を昇って上階にゆくと、きわめて細長い二つ割りの子供室があり、食堂に吹き抜けた狭い主寝室がある。浴室は主寝室専用であるから子供はシャワーだけである。下部ユニットの住いは上部ユニットよりもっと住みにくいそうである。中廊下の玄関より入るとダイニング・

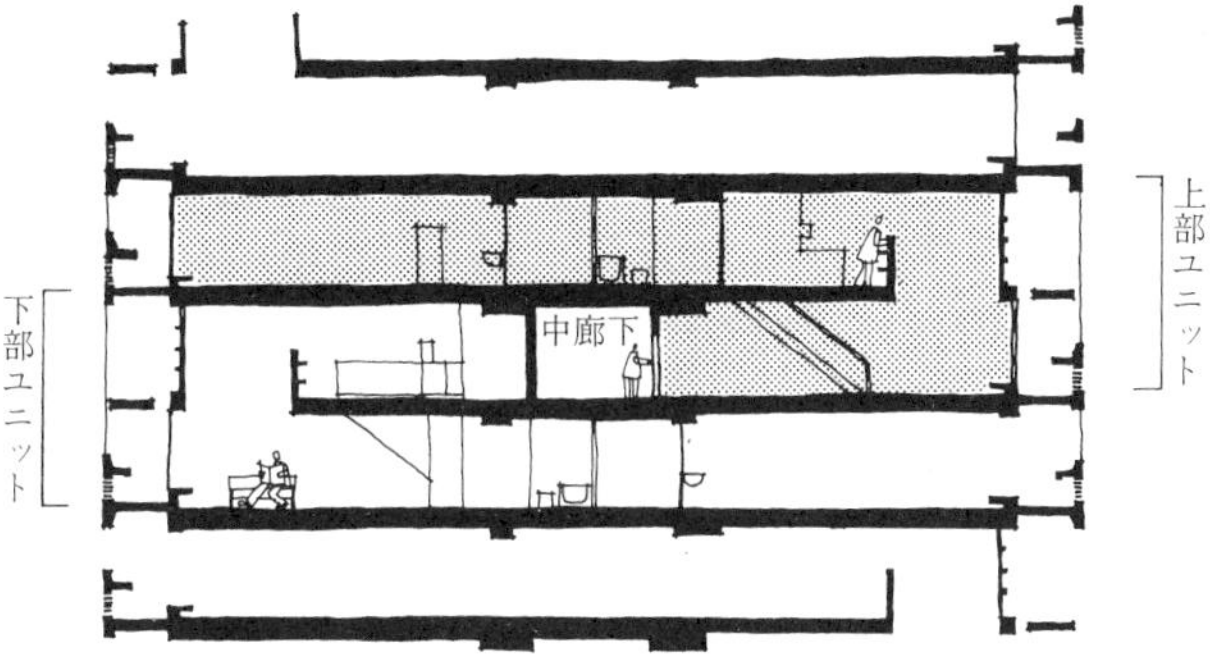

断　面　図

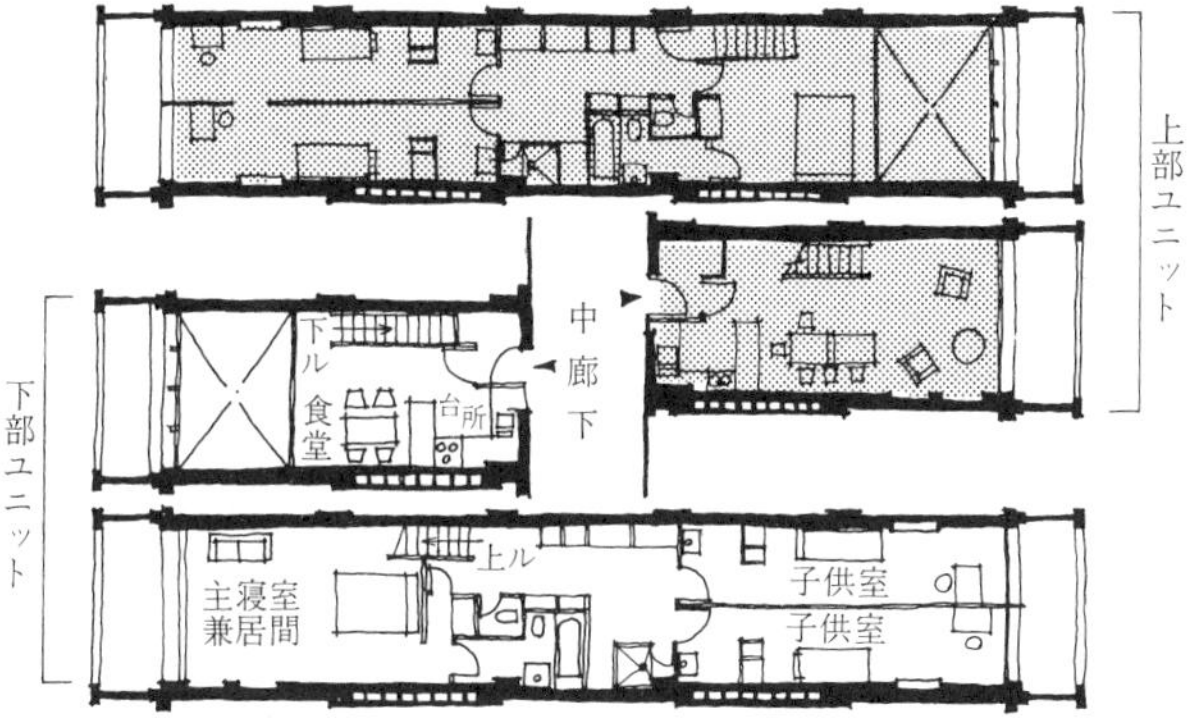

平　面　図

図 47　ル・コルビュジエ，ユニテ・ダビタシオンの断面図，平面図

写真 62　ユニテ・ダビタシオン妻側

キッチンがあり、その先は階下主寝室に吹き抜けている。階下に降りると二つの細長い子供室と、食堂に吹き抜けた大きな主寝室があり上階に吹き抜け、これが居間とも兼用になっている。これではさぞ使い勝手が悪いことであろう。西欧の個室と共通の居間の確立の原理に基づく間取りからこの住居単位を見ると、建築の全体の形態やプロポーションのために住いの空間がかなり犠牲になっていると言っても過言ではあるまい。

この時私の頭の中に次のような考えがよぎった。即ち、コルビュジエは建物の長さ一四〇メートル、幅二四メートル、高さ五六メートルという最も美しいプロポーションの立体の中に住居のユニットを割りこむ――最も美しいプロポーションの正面に釣り合いのとれる建物幅をモデュロールの幾何学から決定して、ピロティーの上にのせる。最初からきまっている交互にかみあった住居ユニットの断面形をはめこむ。最後にできあがったものは、調和のとれた美しいエレベーション(立面図)と、人間の生活とあまり関係のない細くて長い住居単位……。勿論、彼の『モデュロール』を読むと、マルセイユの住居単位にこの寸法系列がはじめて応用されたことがわかる。そして住居の全体計画および断面、住居、家具造作に至るまで、すべての寸法はモデュロールの寸法系列の上にのっているのである。

「Modulor なんかいいさ、消したまえ、君は Modulor を下手くそや不注意者の万能薬とこころ得ているのか、もし Modulor がいやらしいものへ導くなら、Modulor など捨てたまえ。君の目が判定者だ、君の認めなければならない唯一のものだ。目で判定したまえ。」(9)

たしかにコルビュジエは素晴しい生得の目をもっている。それは習ったもの学んだものではなく、生れつき身についている比例に対するきわめて厳しい審美眼のようなものである。たしかにこの建築は真夏の南フランスにできあがった高層アパートというよりは、彼の厳しい眼によって創り上げられたコンクリート製の巨大な彫刻であると思った。この建築から「住む」という機能を取り除いて、単に眺めるときが一番美しいのではないかと思うのであった。コルビュジエにとっては、階段だのエレベーターだの、住居ユニットなどの生活に密着しているものにはそれほど重要な意味はなく、むしろ寸法の幾何学や部分と全体の大きなマッスとの均整に意味があったのではないか——もし、そうであるとするならば、彼は建築家というよりはスーパー彫刻家とでも呼ぶべきである……というような考えが脳裡をよぎる。コルビュジエとは切っても切りはなせない「建築は住むための機械である」とか「形は機能に従う」という二十世紀初頭以来の機能主義的な考えかたと、このことは一体どのように調和させていくべきかという疑問が、マルセイユのユニテを見て以来、私の脳裡を去来してきたのであった。若くしてコルビュジエの門を叩き、師のもとで実際の設計にたずさわった前川国男から数年前に直接聞いた話であるが、コルビュジエは設計にはとても熱心だが、現場に行くのはあまり好まなかったという。また、断面図で階段の始まる位置と終る位置の整合性のようなことにとてもこだわる、とのことでもあった。たしかに思い当るふしがある。チャンディガールの計画でも、現地に常駐したのはピエール・ジャンヌレーであって、コルビュジエはパリにいてインドには定期的にしか行かなかった。そして仕事の大半は甥のジャンヌレーにまかせて、彼自身はモニュメンタルな建築の設計に没頭したという記録がある。(10) 同じフランスでもマルセイユへあまり行かなかったという話を聞いたこともある。たしかにそうでもなければフランスの建設技術の水準から考えて、マルセイユのユニテのような粗雑な工事が行われるはずがない。彼は、技術的、経済的、社会的、時間的な制約のある実際の建築より、設計自身の考えかたや、図面上の構成や幾何学の方に、もっともっと関心があったのではないだろうか。また実際の建物では、各階はそれぞれ空間として独立しているので、どこから階段が始まり終ってもそれほど支障はないが、図面を見るとそれがひどく気になることがある。しかし現場にあまり行かない人は、現場で寸法を実測すると結構誤差があるのには気がつかないかわり、図面の整合性にはこだわるのである。それは何故であろうか。私はかつて、コルビュジエの「直角の詩」や、その他の版画を部屋にかけて毎日眺めていたことがあるが、ほんとうにあるべき所に線や色彩が存在し、他の何処にもそれを動かすことができないほどに見事な芸術作品である。彼は立派な画家であるのだ。建築家にはよく静物や風景を写生すると正確で上手な人が沢山いる。だからといって、必ずしも芸術的にすぐれた絵であるかどうかはまた別問題である。しかしながら、キャンバスの中で創造的な芸術のできる建築家は、もしかすると、図面という枠の中での芸術性を考え、それが実際には百倍や二百倍の大きさの建築となり、平面図や断面図を見るような立場で実際の建築を体験することができないという、一見、きわめてあたりまえの事実を忘れてしまうのではないかという思いに至るのである。

ル・コルビュジエには都市計画に関する膨大な著述がある。初期の住宅のような純粋な単体の建築に見られる成功が、都市計画のスケールの計画においても理論通り実現されているのであろうか。これについてもまた自分自身の眼で確かめたいという衝動が、私の心の中にだんだんと強くなってきた。そしてインドのパンジャブ州の新首都チャンディガールに行ってみたいと思うようになってきた。機会は再びおとずれてきた。一九七二年の冬、ある日の早朝、私はチャンディガールの空港に降りたった。

このチャンディガールの基本案は、ネール首相の個人的な友人であったニュー・ヨークのアルバート・マイヤーの事務所でつくられたものであった。マイヤーは、一九二〇年から三〇年代に主流をなしたエベネザー・ハワードの田園都市の思想に、強く影響をうけていた。

彼の基本案によると九〇〇メートル×四五〇メートルの小学校、商店街、小公園を含む近隣住区と、歩行者と自動車を分離する交通計画に基づき、かつ、十分なオープン・スペースをもつ美しい首都をつくるというのが目標であった。これは西欧の田園都市的発想に基づくものであって、必ずしもインドの経済的社会的風土の中で最適な解答であったかどうか、今日では疑問であると考えられる。この計画を担当する建築家としては、当時ノース・カロライナ州立大学の教授であったマシュー・ノヴィッキーが任命されていたが、一九五〇年飛行機事故で死亡したので、パンジャブ政府は新しく主任建築家を探さねばならない羽目になった。その年の十一月にはインドから二人の紳士がまずローマをおとずれ、それからパリに渡った。この二人はオーギュスト・ペレーに面会したが、話はうまく進まなかった。次にフランス政府の要人のすすめでル・コルビュジエに会った。三年間インドに常駐して仕事に専念するのには謝礼が少なすぎたし、彼自身それほど気が進まなかったらしい。そこでこの二人のインド人は、ロンドンに渡り、マックス・フライとジェーン・ドリューに会ったところ、話はとんとん拍子に進み、一方ではル・コルビュジエをかつぎだすことにも成功した。その結果、マックス・フライ、ジェーン・ドリュー、ピエール・ジャンヌレーの三人が主任建築家としてインドに滞在し、コルビュジエはパリに滞在して一年に二度ほど一カ月インドを訪問することで決着がついた。

ル・コルビュジエは都市計画の理論家としては世界的に令名をはせていたが、これによっていよいよ彼の理論を実現に移すことが可能となったのである。彼は一九五一年はじめてパンジャブを訪ねたとき、マイヤーの基本案をかなり変更したという。まず、ブロックの大きさを一二〇〇メートル×八〇〇メートルとし、曲線的な道路計画を直線的なものに修整し、彼のいうところの交通計画としてV7システムを導入した。V1はチャンディガールに他の地方からの進入路、V2は交叉する二本の大ブルヴァード、V3は高速自動車用道路、V4は低速自動車用道路、V5は単位地区内の道路、V6は住宅への道路、V7は歩行者専用道路である。このような道路のヒエラルキーは理論的にはたしかに見事であるが、住民の大部分が自動車を使えない現時点では、どのようにこのV7システムを評価したらよいのかわからない。特に、オイル・ショック以後のインドで、家族の一人一人が自動車をもってこのV7システムを十分に活用できる日を、何時の時期に設定したらよいのかわからない。とにかく、このような高度な交通計画のシステムがあるにもかかわらず、チャンディガールで用を達するのには、気の遠くなるような遠路をとぼとぼと歩かねばならないのである。

現在でも自動車や公共交通機関のとぼしいインドでは、自転車や徒歩交通を中心としているが、この首都チャンディガールでは、すべての施設が広々と分散配置されている。それぞれの建築が離れすぎているということは重大な苦痛である。また気候的にも、夏の猛暑はこの距離をさらに耐えがたいものとしている。人車の分離や高速道路、立体交叉等は現時点では無用の長物である。たしかに都市の構成は欧米のニュー・タウンの形式であるが、車で走っているとやはりインド版田園都市であることも否めない。裸足で歩く人々、輪タクをこぐ人々、車をひく家畜等が往来するインドの厳しい現実の中で、このような田園都市が、ほんとうにこの社会に適しているのであろうかという疑問は、どうしても私の脳裡を離れない。チャンディガールの住民は、風土も経済も社会も無視された西欧的環境の中で、歯をくいしばって我慢しているようにさえ見えるのである。

何故このような都市計画が実現できたのかは、当時のインドの政治状勢から考えて、思いあたるふしもある。一九四七年、インドと西パキスタンは分離し、パンジャブは二分され、この地の古都ラホールは西パキスタン第二の都市となった。東側インドでは、どうしても新しいパンジャブの首都をつくらなければならなくなり、ついにこのチャンディガールの地が選定された。当時のネール首相は、自由インドの象徴としてこの新首都は西欧の都市に負けない近代都市であるとの期待をかけた。それには、西欧の都市計画理論に基づく新都市の建設以外には考えられなかった。またインドの工業化政策によって、インドにモータリゼーションがすぐにもたらされるような期待のもてた時代でもあった。それらの環境が、近隣住区、V7システム、田園都市のような都市計画の理想を、この貧しいインドに咲かせる機会を生みだしたのである。

さて、この都市の中心施設であるキャピトル・コンプレックスを訪ねてみよう。セクター と呼ばれる近隣住区の北端に位置するこのキャピトル・コンプレックスは、総合庁舎、議事堂、高等裁判所、知事公邸等の建築群と、その間に点在するモニュメントによって構成されていて、コルビュジエが最も力を入れて設計した作品である。

彼の配置計画は純粋な図形的操作によっている。まず、一辺八〇〇メートルの正方形を二つ並べて二倍正方形をつくる。その中に、一辺四〇〇メートルの正方形を並べ、それぞれに重要な建築を配置する。最終案は二つの正方形を西側へ一〇〇メートルずらすことによって生じた領域に、各種のモニュメントを配置し、この計画に抑揚を与えようとしてある。

「建築の配置を決定するについては、視覚の問題が決定的となってきた。八米の高さの棹を作らせて、これを白黒交互に塗らせ、白い旗をその先につけさせた。そしてまず敷地選定の第一案を想定した。建物の角にこの黒白の柱がたてられた。こうしてみて、建物の間隔が離れすぎているということに気がついた。この制限のない土地で、非常な不安と煩悶の中に決定をしなければならなかった。悲痛なる自問自答。私は一人で評価し決定をしなければならなかった。もはや理性の問題ではない。ただ感覚の問題である」[11]とコルビュジエが述べているように、彼は図形操作による建築の配置計画を視覚的に確認しようとして、八メートルの棹を立てさせて自問自答し不安と煩悶のなかに一人悩んでいるのである。このことは今日の建築家にとってはいささか奇異に聞こえる。ヨーロッパ中世の自然発生的な人間性に富む配置技法や、ルネサンス、バロック期の均整のある美しい配置計画の歴史を経過し、近代建築における科学と技術の蓄積のある今日の時点で、一人の建築家が、強烈な気候のインドの平原で、八メートルの棹を頼りに感覚的に巨大な配置計画を考えるという方法は、どうしても奇異に聞こえる。キャピトル・コンプレックスのような国家の中枢機構の建築群の配置が、地面の上に描かれた二倍正方形やその対角線などによって決定されるというのは、どうもよくわからない。実際このキャピトル・コンプレックスに行ってみると、離れ離れに建築が立っている。例えば総合庁舎《シクレタリアート》と高等裁判所《ハイ・コート》との隣棟間隔は、約七〇〇メートルもある。七〇〇メートルの距離というものは、東京でいえば銀座四丁目から京橋交叉点の先までの距離にあたり、その間の隣棟間隔というものはとうてい充実した建築空間とはなりえない。これは前述したイタリアの空間で述べたように、建物が「図」となって、隣棟間隔は「地」であり、「図」があまりにもモニュメンタルで強いため、「地」が「図」となりうる余地がない。言いかえれば、コルビュジエの建築においては、建物と建物との間の空間にゲシュタルト質が存在しない。であるから、この建築群からは、街並みのコンテクストのようなものが生れてくる機会はほとんどない。建築の構成が幾何学的で、表現が明快であればあるほど、非幾何学的で不明快なものはその存在がゆるされず、空間は明快であるかわり、非人間的なものとなってくる。私はこのコンプレックスに存在する建物が美しくそびえていればいるほど、なんともやるせない気持にならざるをえないのであった。また、この建築の中に入ってみると、どれもこれも表現の幾何学のための建築であって、とうてい人間のための建築――「住むための機械」――ではなく「見るための彫刻」であることに思い至らせられたのである。

私は、コルビュジエは建築家であるというよりは、画家であり、彫刻家であり、思想家である、という確信を深めるようになってきた。しかし、その彫刻家は、われわれが考えるより遥かに偉大なものであると思うようになってきた。それは今から数百年たった将来、もし今日の建築が存在するとしたら、おそらくコルビュジエの建築だけであろう。ミース・ファン・デル・ローエや、フィリップ・ジョンソンのガラスと金属の建築も、フランク・ロイド・ライト、ルイス・カーン、ポール・ルドルフ、ケヴィン・ローチも、すべての建築は消滅する。ホワイト派やグレイ派や、最近のマニエリストの建築はもっと早く消滅するかも知れない。そんなときでも、辺鄙なチャンディガールのキャピトル・コンプレックスはまちがいなく残るであろう。機能のない巨大なコンクリートの彫刻として、人々はアクロポリスの丘を訪ねるように二十世紀の建築を見におとずれるであろう。なるほど、隣棟間隔の大きいことは、*D/H* が三より大きく、全体の建築を一つの景観として鑑賞することができる。コルビュジエは八メートルの棹を使ってこんなことを考えていたのかも知れないと思うと、彼は確かに現在の建築家の中でも、歴史を見通している偉大なる彫刻家であると考えられる(写真63・64、図48)。

今一つ、コルビュジエの偉大な素質は、その生れつきの美的感覚ではなかったかと考えるのである。わが国の建築家が、湿度の多い温帯多雨気候地帯の開口部の大きい木造軸組構造の家に生れ育ち、西欧の近代建築を成人してから学ぶという経過をとっているのに対し、コルビュジエは組積造の歴史の中に育ってきた。彼が如何にその組積造を否定し、ピロティーと大きな開口部に憧れたかは、厚い石の壁に対するアンチ・テーゼとしてであっ

写真 63　チャンディガール庁舎

写真 64　チャンディガール高等裁判所から議事堂庁舎を眺める

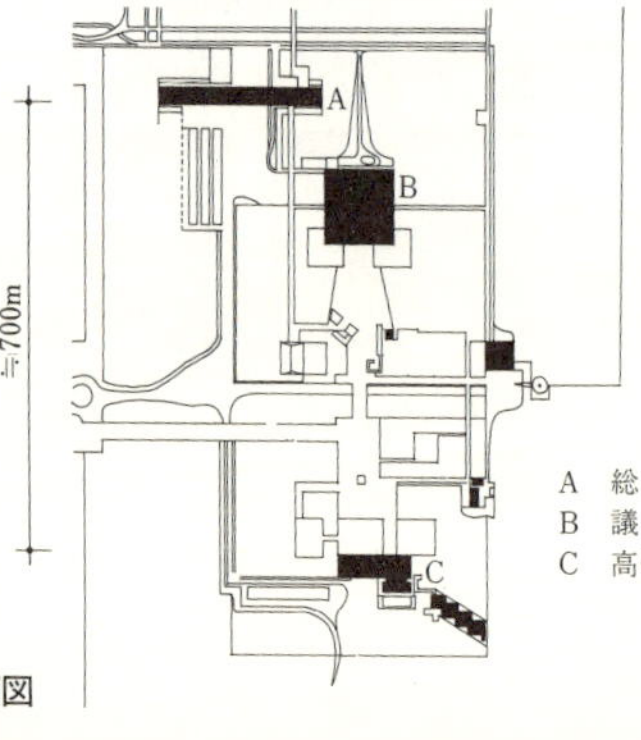

図 48　チャンディガール 平面図

たとも考えられる。その思想は、彼の美的感覚を強く支配していた。そしてそれ以外の何物をも拒否する強い生得の感覚をもっていた。それだけに、彼の一生を通じて決して迷うことのない進路であった。

ひるがえって、わが国の事情はどうであろうか。否定すべき過去の蓄積は弱々しく、常に二元性に基づく共存関係の中で、厚くて荒々しいコンクリートの表現や、ガラス・カーテン・ウォールによるぴかぴかの表現も一人の建築家に共存するし、幾何学も非幾何学も共存するのである。われわれの建築は、成人してから学んだものであって、体の中から生れつきとしてにじみ出るという点では、とうてい、コルビュジエの右に出ることはできない。やはり、コルビュジエは偉大なる建築家であったと言いなおすのが至当であると確信するのである。しかも、チャンディガールの高度の交通計画は現在の無用の長物かもしれないが、よく考えてみると、これも大変なものかも知れない。現在、田園都市風に隣棟間隔が離れすぎているが、五十年、百年たつうちに、インドの現実として、空地に建物が次々に建てられてくるような現象が起きたとしても、交通システムが雄大でしっかりしているから、東京のような高密な住居地区が生れても交通渋滞にならないかも知れない。これもコルビュジエの遠大な計画のもたらすものとも考えられる。このチャンディガールの成否は、やはり歴史のみが証明してくれると言えるであろう。

さて、チャンディガールの次にどうしても訪ねてみたいと考えていた都市は、ブラジルの新都市ブラジリアであった。ブラジリアは、リオ・デ・ジャネイロとサン・パウロの二大都市からそれぞれ一〇〇〇キロも奥地に入った、標高一〇〇〇メートル以上の中央高原に位置する。一九五七年に懸賞設計が行われて、ルチオ・コスタの案が一等当選し、実現に移された。この首都の東西軸線上にあるテレビ塔に昇ってみると、街の全貌はルチオ・コスタが考えた十字交叉軸が、大型ジェット機が翼をひろげたように雄大に眼下にうつる。ジェット機の機首にあたる部分には三権広場があり、その軸線上には中央官衙街、大聖堂、文化施設等の都市施設が位置し、両方の後退翼の部分には住宅地が配置されている。ここでは、一度都市の平面形の骨格をのみこみさえすれば、自分の位置と都市全体との関係はたちどころに了解できる。特に後退翼にあたる部分は、道路が少し彎曲しているため、外廻りなのか内廻りなのかによってその位置と方向を見定めることができる。この都市のレジビリティー(わかりやすさ)のある点では、オーストラリアの首都キャンベラの正三角形の構成より、はるかにすぐれていると考えられる(図49・写真65)。

日頃写真で見馴れた幾多の建物があって、初めて来たように思えない。ここはブラジルの建築家オスカー・ニーマイヤーの活躍の場である。チャンディガールにしても、このブラジリアにしても、隣棟間隔が大きく、建築が離れ離れであるが、ここでは遙かにモータリゼーションが進んでいて、都市がいきいきとしている。ここでも五十年、百年と時間的経過ののち、もっと沢山の建築が立ち並んで隣棟間隔の空間が活性化してくれれば、骨格が

写真 65　ブラジリアの眺め

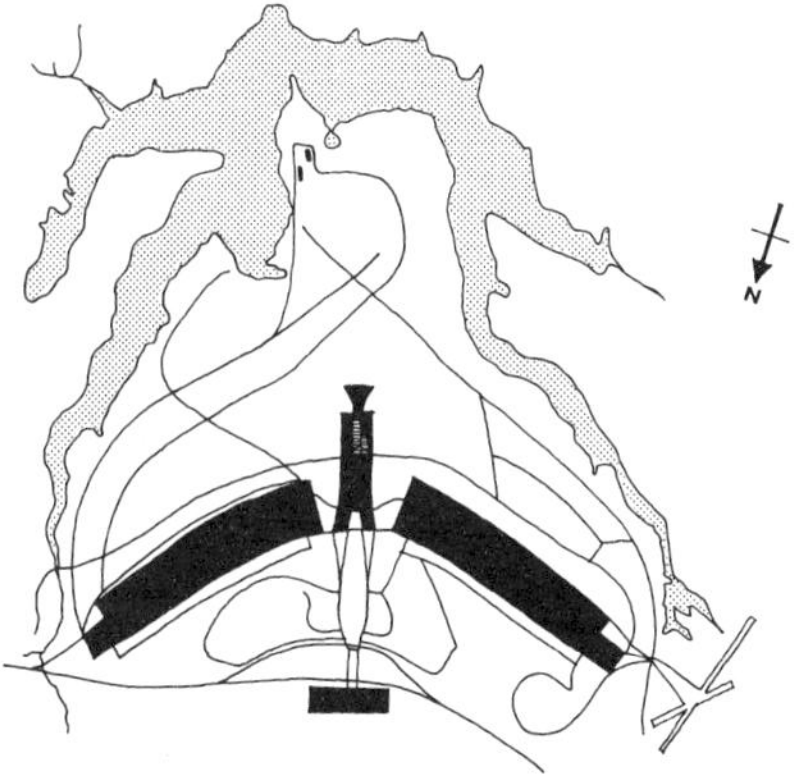

図 49　ブラジリア 平面図

しっかりとした都市であるだけに面白くなる可能性を十分にもっている。国家の最も威厳のある三権広場の一隅に、どういうわけか中華料理店ができあがっているのを見て、私はとても愉快であった。ブラジリアには将来がある。しかし現在のところ、多くの人々はやはりリオやサン・パウロに住みたいようで、ブラジリアのように平坦で公式的な街より、山や谷の傾斜があったり海や入江が見えたりコパカバーナやイパネマの海岸プロムナードがあったり裏街があったりする、リオの街に対する愛着が強いようである。道路や広場にじかに面して建築が立ち並んだ街並みをなすような在来のヨーロッパ型の都市と、このような広い敷地に建築が点在する計画都市とは、本質的に原理を異にする。在来都市では建物の建っていない空間に「図」となりやすいゲシュタルト質をもっていて、歩行者に適するヒューマン・スケールを基本としていたけれど、太陽、空間、緑を目標とする計画都市では、それぞれの建築に「図」としてのゲシュタルト質があり、自動車交通を基本とする巨大なスケールの上に成立しているのである。ここで、われわれがどのような都市や街並みを選択するのか、どんな都市生活を望むのかについて、十分に検討する必要があると考えるのである。

Ⅳ　引用文献

(1) 島村昇他『京の町家』(前掲書)、一六頁。
(2) Edward Allen, *Stone Shelters*, The MIT Press, 1969.
(3) C. Michaellides, *ibid.*
(4) 福井英一郎『気候学概論』朝倉書店、九八頁。
(5) 八木幸二「中近東の気候と住環境」日本建築学会『建築雑誌』一九七七年六月、二七頁。
(6) Nader Ardalan and Laleh Bakhtiar, *The Sense of Unity*, The Univ. of Chicago Press, p. 99.
(7) *Architectural Review*, May 1976, p. 28.
(8) C・ジッテ著、大石敏雄訳『広場の造形』美術出版社、六二頁。
(9) ル・コルビュジエ著、吉阪隆正訳『モデュロールⅠ』SD選書、鹿島出版会、八九頁。
(10) Planning and Cities, *Le Corbusier : The Machine and Grand Design*, George Braziller, p. 104.
(11) ル・コルビュジエ『モデュロールⅡ』(前掲書)、一六三頁。

V 結び

街並みは、そこに住みついた人々が、その歴史のなかでつくりあげてきたものであり、そのつくられかたは風土と人間とのかかわりあいにおいて成立するものである。であるから、この地球上に現存する街並みは、その人間存在の時間的空間的な自己了解のしかたと深くかかわりあっているものである。街並みの基本を変えたり、住いのありかたを簡単に変えることができないことは、風土を変えることができないのと同様に至難なことなのである。しかしながら、風土の異なる国々の街並みを比較研究することにより、わが国の街並みのありかたについて、さらに深く考察することができるであろう。わが国の現状から考えて、ブラジリアやチャンディガールのような新しい計画都市をつくって遷都するというようなことは、もはや困難となってきた。そうかといって、折角この日本に生れ、都市生活を余儀なくされている大部分の日本人にとって、少しでも快い住いの環境や美しい街並みを創り出すことは急務である。そこで新しい首都をつくるような大計画によらないで、現状の都市の文脈――コンテクスト――をできるだけ読み取りながら、そのよい部分は残し、悪い部分を改良し、少しでも美しく楽しく印象的な街並みをつくりだすことについて、検討してみたいのである。

まず第一に、「街並みの美学」を成立させるためには、「内部」と「外部」の空間領域について、はっきりとした領域意識をもつことが必要である。即ち、自分の家の外までを「内部化」して考えられること、あるいは、自分の家の中までを「外部化」して考えられること、二つの領域について空間を同視して考えられること、または、空間を統一して考えられることが肝要である。家族制度が崩壊し個人の尊厳が尊ばれるようになった現在、西欧のような内外空間の境界のおきかたや、内外空間の統一のようなことが、われわれにとっても必要になってくるのである。この場合、西欧のように外から内へ向っての統一の方法もあるであろうけれど、わが国の場合、内から外への統一の方法も十分に考えられると思うのである。即ち、内から外への統一が或る単位、例えば町の規模の領域について行われ、その単位がさらに統一されて地域となるような、日本的な空間秩序の創りかたなのである。大きなものから小さなものへと求心的に秩序だてる考えかたは「計画《プランニング》」の立場から言って本筋であろうが、そのためにはまず第一に、大きなものの規模を前もって決めなければならない。ところが、なしくずしに物事をまとめてきたわれわれ日本人にとって、それは歴史的に不得手なのである。

そこで、まず自分の家を「内部」の空間と考えてみる。そうすると、自分の家の前にある道路は「外部」の空間であると言える。次に空間領域を幾分拡大して考えてみる。前面道路のような、自分の家と深いかかわりあいをもっている部分を内部化して「内部」と考えてみる。さらに領域を拡大して、町内までを内部化して「内部」と考えてみる。このように次々と内部化して考える場合、どのあたりまで内部化できるのかは重要な問題である。この点が都市の規模と街並みの規模との根本的な差異であり、内部化の限界はここでは街並みの規模とするのが妥当であり、ここに「街並みの美学」の成立する根拠があると考えられるのである。

さて、建築基準法第六十五条(1)によって、防火地域または準防火地域内にある建築物で外壁が耐火構造のものについては、その外壁を隣地境界に接して設けることができるが、普通の住宅地においては、民法第二百三十四条(2)によって境界線より五〇センチメートル以上離すことが必要である。そこで、たとえば民法を改正して、隣地との境界線ぎりぎりまで家を建てられるようにしてみる。できればコート・ハウスやテラス・ハウスのようにパーティー・ウォール(境界の壁を共有すること)を建て、この隣地境界線の両側にあいた五〇センチずつを道路側にもっていって、道路沿いに一メートル幅の前庭をつくってみる。この一メートル幅の空間は本来、隣地との間にできた無駄な空間であったものを積極的に街並みの空間として活用するものであって、ここに芝を植え、四季の花などをあしらう。これによって住宅地の道の両側にはそれぞれ幅一メートルずつの緑と花の緩衝地帯ができるわけである(図50)。これを「前面道路の内部化」というのである。塀はこの幅一メートルの間には建ててはならない。もしどうしても建てたければ、一メートル後退したところに建てることにする。このようにして、一般の住宅地は見ちがえるようによい環境になるこ

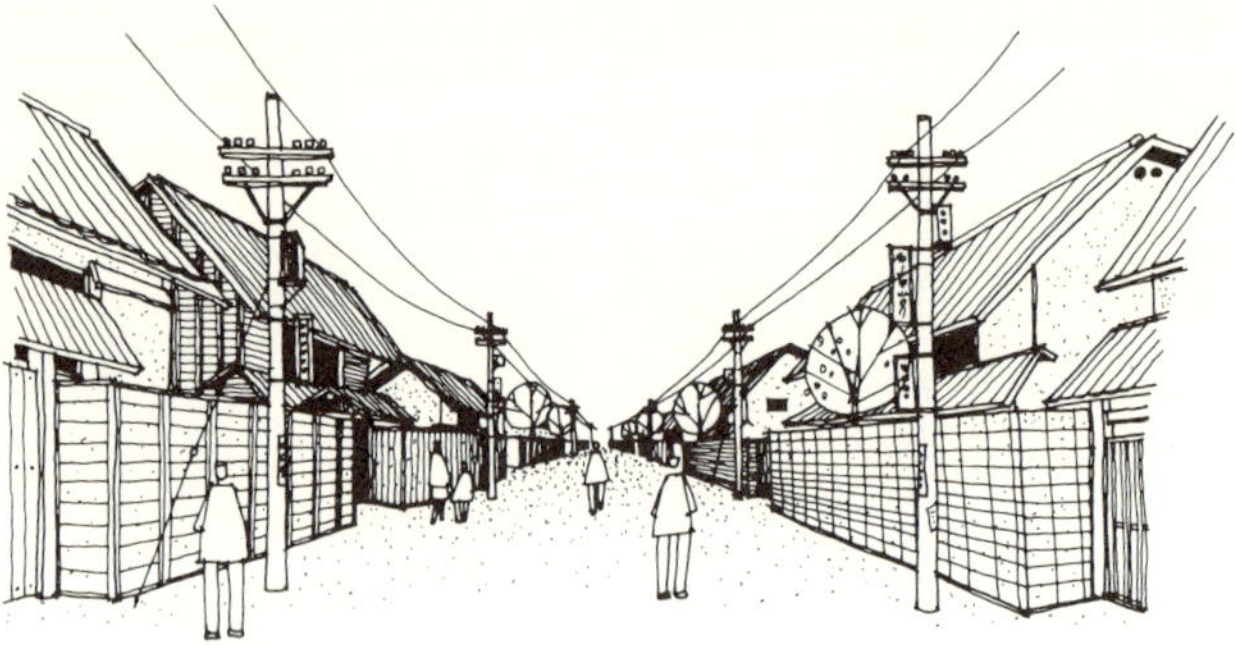

在 来 の 街 並 み

図 50　住宅地の道路両側に幅 1 m の緑地をつくる

とはうけあいである。自分の家の廻りをよく観察すると、貴重な敷地の中にまったく死んでいる土地があることに気がつくであろう。それを積極的に活性化して「街並みの美学」に貢献してもらおうというのである。

また、都内の大学、植物園、御苑等の巨大な公共空間においては、道路にじかに塀を建てるようなことを禁止して、少なくとも道路より五メートルないし一〇メートル後退したところに塀を建てる。そしてこの幅五メートルないし一〇メートルの道路沿いの空間には、芝生、花壇、灌木、ベンチ、屋外照明等をとり、緑の遊歩道として「街並みの美学」に貢献してもらう。このような公共的大空間にとっては、幅数メートルの空間を供出してもなんら機能的に困ることはない筈である。六義園の金網つきの煉瓦塀や、小石川植物園の延々たる万代塀は、苑内の都合のみを考えたもので、街並みの景観には一顧だに与えているとは言えない（写真66・67）。もし当局者が、前述したような内外空間領域に関して卓見をもって前面道路を内部化して考えることができさえすれば、こんなことは直ちに解決できるし、さらに和辻哲郎の言うところの「西欧のような空間の統一」が考えられれば塀を取り除くことすらできる筈である。塀は街の周囲につくるものであって庭園の周囲につくるものではない、というのが西欧の考えかたである。世界には塀のない大学も植物園も庭園もいくらでもあるのである。それでは管理をどうするのかという質問がおきるであろう。これもものの考えかたの問題であり、内部空間としての警備を厳重にするのもよいし、他

写真 66　六義園の塀　知らない人が見たら刑務所の金網つき煉瓦塀のように見えるであろう．これが天下の名園六義園の塀である．生垣にするとか，もう数m後退させて，道路側を緑化するような努力はできないものであろうか．

写真 67　小石川植物園の塀　植物園と周辺の街とを一体的に考えるような時代が来ているのではないであろうか．もし，どうしても塀を立てるなら，少なくとも5mないし10mは後退させてもらいたいと思う．

の一般市街地としての警備にまかせ、外部空間として全く警備しないのもよい。わが国のように最も治安がよく教育の普及している国においてのみ塀が必要であるということは考えられない。要は、空間領域に関するわれわれの考えかたが塀を必要としているのである。

次に、屋外広告物に関する法律や条例施行規則(3)を改正して、道路に突出するそで看板類を、地域を指定して禁止してみる。現在、東京都の条例によれば、広告物は道路境界線より一メートル以内であれば突出してもよいことになっている。そして広告物の上端までの高さは、住居地域内にあっては(二〇メートル+出幅)以下、住居地域外においては(三一メートル+出幅)以下となっている。このことはII章の「7 建築の外観の見えかたに関する考察」で述べたように、街並みの形成においてきわめて有害であり、公共の道路を広告物に使わせるような寛大な規定が都市の街並みを醜悪にしている元兇である。自分の敷地内で壁面に平行にとりつけた広告は、自分の建築の外壁面の見えかたを減少するだけの効果しかないが、道路に一メートルも突出したそで看板のような第二次輪郭線は、他の建築の外壁である第一次輪郭線を大量に遮蔽して街並みの印象を弱め、景観を低下させている点においてきわめて効果的であることは前述したとおりである。狭い裏通りは、もともと第一次輪郭線の見えにくい空間であるが、このような繁華街の裏通りに、そで看板やネオンを集中して都市の夜の賑わいを盛り上げることは面白い。そで看板の類も、同じ大きさのものを等間隔に取り付けると、第一次輪郭線に組み入れやすくなる。また、最初から計画された屋上広告塔は、第二次輪郭線というよりは第一次輪郭線に組み入れられて、調和のある景観を呈する場合もある。またこの条例では、さらに、広告網(幕)をつり下げることや、電柱、街路灯柱、公衆電話ボックスに広告を取り付けることを認めている。第二次輪郭線としてただでさえ景観を害する電柱類に、さらに看板広告を取り付けることを認めるのは商業主義のゆきすぎで、広告公害とでも言うことができるであろう。この条例の改正は急務であり、それによって諸外国並みの落着いた街並みの景観を復活すべきであると考える。

次に、道路法(4)を改正して、市街地の道路上には、電柱、変圧器、電線のような醜悪な形態のものは、一時的な目的以外には設置できないようにしたらどうであろうか。それによって街並みの第二次輪郭線は減少し、きわめて爽快な景観となることはうけあいである。電柱を廃止して電線を地下に埋設することは、この上もない恰好な公共投資であり、かつ、景観の向上にもつながるのである。

また、道路上におかれるもの――街灯、ベンチ、くずかご、標識、案内板、水呑み、郵便ポスト、公衆電話、地下鉄入口等――は、すべて第二次輪郭線を形成するから、よくデザインされていて全体的に第一次輪郭線と調和するものにしてほしい。また、歩道の舗装は、居間のじゅうたんのように美しく心のこもったものとしてほしい。道路行政のうち特に主要な市街地の道路に関しては、街路芸術を担当する部署を新設して道路の視覚構造の向上のため絶大な努力をはらってもらいたい。そして道路を単に交通のための空間と考えないで、景観向上のためすぐれたデザイナーや芸術家を動員して「街並みの美学」のため協力してもらいたい。そして道路の建設費の数パーセントを、道路の美化や屋外彫刻にまわしてもらう。やがて街中にすぐれた景観や、センスのよい標識、ベンチ、水呑み、沢山の屋外彫刻が点在することになり、アート・マトリックスを形成することができよう。

さて、ケヴィン・リンチも言っているように、都市のイメージァビリティーを高めることは大切である。わが国の大都会には、西欧の都市にあるような街の焦点ともなる中心とか、市民必見の名所のようなものが少なく、イメージァビリティーの高まりも少ない。ヨーロッパの街の構成では、まず美術史に残るような組積造の教会が空高くそびえ、その街のスカイ・ラインを決定し、その教会前の広場は宗教的行事以外にも街の中心として今日も生きている。それらは街の中で街に向って開かれ、街並みと一体化している点が重要である。わが国の都市にも宗教建築がないわけではない。京都の町に入ってゆくとき東寺の塔が空にそびえ、ヨーロッパの都市に近づいた時のような心のときめきをおぼえるような例もある。しかしながら一般的に言って、わが国の宗教建築は街の中心にあるというよりは境内の中にある「閉ざされた形式」のものが多く、街の景観を決定するようなものは少ない。東京にはそれでも、土地にゆかりが深く住民に親しまれている宗教建築がないわけではない。たとえば、水天宮、目黒不動、とげぬき地蔵、浅草寺《せんそうじ》等々は、街の中にあって住民と伝統的に縁の深いものである。とくに浅草寺は、前面両側に仲見世をもち、わが国の街並みの景観としては珍しい「開かれた形式」の構成をもっていて、他の神社仏閣が街に対して「閉ざされた形式」のものであるのに対して、ミラノのガレリア街にも匹敵する魅力的な街並みを形成している。とにかく、街並みの景観の向上のためには、なるべく、街の中で「開かれた形式」のものをふやし、インメディアシーを高め、街の印象を強いものとすることが肝要である。

また、日比谷公園の改造案や銀座通りの改造案で提示したように、都心部の公共空間や道路には、交通という機能以上に他の積極的な機能を付与して街を活性化すること、とともに街に向って開かれたものとすることが望ましいのである。ちょうど、イタリア人が都市の広場《ピアッツァ》を自分の居間の延長と考え、パリジャンが道路上のキャフェでくつろぐように、都心の空間を都民の内部空間と考えて、昼夜を分かたず活用することができるようにしてほしいと思う(写真68)。

以上述べてきたことはほんの些細な手法についてであり、創造的な手法はまだまだいくらでもある筈である。また、これらの手法は、実行する気にさえなれば今日からでもすぐ着手できる程度の簡単なものばかりである。要は空間の意識を顕在化して、はっきりと街並みを美しくしようと考えるかどうか、ということだけなのである。

さて、「街並みの美学」を終るにあたって一言だけつけ加えさせていただきたい。それ

写真 68　パリの路上のアクティヴィティー

は、Ⅳ章でル・コルビュジエの作品にふれた理由である。私にはコルビュジエの作品にはどうしても人間性を読みとることができないからである。彼の作品には、形式美学から発した生得の鋭い美意識が存在し、その中には人間の存在さえが否定されているのではないかという不安があるのである。ここに私が「街並みの美学」を提唱するのは、根底において人間のための もの であり、人間の存在を肯定した実践の書物であるということである。われわれ人間が、自分達の風土をどのように読みとり、そして人間のための街並みを創るに当って、少しでもよい方向を見いだしたいという強い念願を深くこめていることを、ご理解いただけたら幸いと思うのである。

わが国にも「街並みの美学」を考える絶好の時機が到来しつつあると思う。私達はこのような好機を逃がすことなく、身近な小さなものからでも実践にうつすことを提唱したいと思うのである。

Ｖ　引用文献

（1）　建築基準法より

第六十五条　防火地域又は準防火地域内にある建築物で、外壁が耐火構造のものについては、その外壁を隣地境界線に接して設けることができる。

（2）　民法より

第二百三十四条　建物ヲ築造スルニハ疆界線ヨリ五十センチメートル以上ノ距離ヲ存スルコトヲ要ス

(2)前項ノ規定ニ違ヒテ建築ヲ為サントスル者アルトキハ隣地ノ所有者ハ其建築ヲ廃止シ又ハ之ヲ変更セシムルコトヲ得但建築著手ノ時ヨリ一年ヲ経過シ又ハ其建築ノ竣成シタル後ハ損害賠償ノ請求ノミヲ為スコトヲ得〔昭三三法六二号一項改正〕

（3）　東京都屋外広告物条例施行規則別表より

四　建築物から突出する形式のもの

1　前面道路の路面の中心から広告物の上端までの高さは、住居地域内においては二十メートル、住居地域外においては三十一メートルにそれぞれ当該広告物の壁面からの出幅を加えた数値以下とすること。*

2　外壁から突出するもの（つり下げを含む。）は、道路境界線から出幅一メートル以下とすること。

3　広告物の下端は、歩車道の区別のある道路の歩道上にあつては地上三・五メートル以上、歩車道の区別のない道路上にあつては地上四・五メートル以上とすること。

4　壁面の高さを超えて設置するものは、その超える部分の高さは壁面からの出幅以下とすること。

5　広告物の構造体は鉄板等で被覆して、露出させないこと。

6　条例第二条第一項第一号ただし書又は第三号ただし書の規定により指定した区域（美観地区を除く。）内若しくは第一種文教地区内における広告物には、露出したネオン管・赤色のネオンサインを使用し、又はネオンを点滅しないこと。

五　電柱又は街路燈柱を利用するもの

(一)　電柱を利用するもの

1　形状

種別	塗・まとい付広告（巻）　メートル	添架広告（袖）　メートル	取付け板　メートル	路面から広告下端までの高さ　メートル
電柱	ア　一・五〇×〇・三三（二面）	一・二〇×〇・四八		添架　車道　四・五〇 歩車道の区別のないもの　四・五〇 歩道　三・五〇 塗・まとい付　一・二〇以上

（4） 道路法より

第三節　道路の占用

第三十二条　道路に左の各号の一に掲げる工作物、物件又は施設を設け、継続して道路を使用しようとする場合においては、道路管理者の許可を受けなければならない。

一　電柱、電線、変圧塔、郵便差出箱、公衆電話所、広告塔その他これらに類する工作物
二　水管、下水道管、ガス管その他これらに類する物件
三　鉄道、軌道その他これらに類する施設
四　歩廊、雪よけその他これらに類する施設
五　地下街、地下室、通路その他これらに類する施設
六　露店、商品置場その他これらに類する施設
七　前各号に掲げるものを除く外、道路の構造又は交通に支障を及ぼす虞のある工作物、物件又は施設で政令で定めるもの

＊　平成十二年三月三十一日現在の条例では、「地盤面から広告物の上端までの高さが第一種住居地域、第二種住居地域又は準住居地域内にあっては三十三メートル以下、第一種住居地域、第二種住居地域又は準住居地域外にあっては五十二メートル以下であること」となっている（編集部注）。

あとがき

世界中を旅行してあちらこちらの都市や建築を見ると、地理的条件や気候風土、宗教、歴史等のちがいもさることながら、その基本となっている都市や建築の空間概念が、われわれ日本人の概念と異なっているのではないかという疑問をいだくようになった。特にイタリアの都市や建築に興味を覚えるようになってからは、その感を深くした。それは基本的には内部と外部との空間を限定する境界線のありかたであり、その存在に強い意味を持つものと持たないものとの違いであり、また空間を限定する領域のとりかたの違いでもある。

戦後、わが国の建築技術の躍進はめざましいものがあり、技術の点ではおそらく世界一の水準に達していると自負できる。しかしながら、たしかに個々の建築の質は高く素晴しいものであっても、それらが集まって群の建築となり、さらに街並みを形成する段階となると、とうてい世界のリーダーたる資格はもてないと考えられる。われわれ日本人は、街をより住みやすく美しくしようという考えはもっていないのであろうか。また、われわれは美しい街並みをつくるのに不向きなのであろうか。このあたりのことについて、私は自分なりに考えてきたことをこの本にまとめてみたつもりである。もとよりこの本は、都市計画の本でもなければ建築の本でもない。また最近建築のジャーナリズムをにぎわしているコンセプチュアルな建築論でもない。都市と建築の中間に存在する街並みのありかたに関する実体論的段階の本である。磯崎新のカッシラーの方法的展開による都市デザインの分類に従うと、実体論的段階、機能論的段階、構造論的段階、象徴論的段階の四段階に区分できるという。それによると実体論的な最初の段階では、都市や街並みを物理的存在そのものと考え、都市計画はそれを物理的に美しく仕上げるバロック的手法であった。しかしながら、どの段階においても最終的に概念を実体に移す段階においては、必ずこの実体論的な手法が必要であり、私自身この二十年間、建築家として実体論的段階に低迷してきたと考えられる。十九世紀のパリの都市計画は、この区分からいえば都市計画の観点から時代遅れであるといわれてきたが、コルビュジエの提唱する「輝ける都市」——構造論的段階——とくらべてみるとそれぞれに長所短所があり、近代的都市の視覚構造やその魅力の点では、恐らくオスマンのパリの方がコルビュジエのパリより、すぐれたものであるという反省も、一方では見られるのである。即ち、在来の都市の街並みの文脈《コンテクスト》をよく読みとりながら新しい建築をつくってゆく時、在来のものと新しいものとの間にできる空間を「地」としてではなく「図」として取り扱うような考えかたは、世界的に多くの建築家や学者に受けいれられはじめてきたが、特に「図」と「地」との逆転しうる空間にはゲシュタルト質が存在する、という考えかたは「街並みの美学」においては有効な考えかたであると思われる。私が『外部空間の構成』で提唱した「P《ポジティブ・スペース》－空間」「N《ネガティブ・スペース》－空間」をそれぞれ「図」と「地」とに読みかえると、それは最近アメリカなどで提唱されている、建築におけるコンテクスチュアリズム(contextualism)の元祖ともいうことができると思われるのである。

建築の分野では二十世紀初頭以来の正統的近代建築と考えられていたものに対し、さまざまな角度から前衛的な建築が誕生し、建築もいよいよ次の模索の時代に入ったといえよう。とくにわが国では、メタボリズムの建築、マニエリズムの建築、ポスト・モダニズムの建築、言語学や記号論の建築への適用等々、そのコンセプトや形態において百花繚乱の感のするほど多様化し、世界の建築界の注目を集めているといっても過言ではない。であるからといって、それらが建築や街並みの将来のありかたの方向を決定づけるものとも思われない。建築や街並みは最終的にその国の文化の反映であって、大多数の人々の快感や感動のある、より安定した体系によって説明できるものでなければならないと考えるからである。その意味でそれは多分に人間性に立脚したものであって、決して人間不在のものであってはならないと思うのである。

街並みや建築の環境は、われわれに幾多の情報を与えてくれる。落ちついたヨーロッパの都市や静かなアメリカのコミュニティーに住む人々は、もっと情報量を求めるであろう。毎日過度の情報を街並みや建築から受取っている人々は、もっと落ちついた街を求めるであろう。R・ヴェンチューリがラスヴェガスのネオンや広告の象徴性に着目したからといって、それが直ちにわが国の都市に適用されるとも思わないほど、アメリカの国土は広大なのである。

この本は、二十年間にわたり私自身で歩き調べて書いたものであり、私自身の見聞によるものである。そしてケヴィン・リンチはじめ世界の人間派ともいうことのできる学者や建築家の共感のもとに、展開されたものである。また、その基本構想は拙著 *Exterior Design in Architecture*, Van Nostrand Reinhold Co., New York, 1970. から発展したものでもある。

この本の写真は著者自身の撮影したものが多いが、中には二川幸夫氏の素晴しい写真を拝借したところもある。その他お名前を写真リストに掲載した方々に深く謝意を表したい。また図版はすべて児島学敏君とそのグループの諸兄によるものであり、銀座の街並みの分析のためのグラフ作製には守屋秀夫博士に負うところが多い。またこの本を推進するのには佐久間裕子嬢の絶えざる協力があった。また、この本の出版に当っては、岩波書店の編集・製作・校正の方々の熱意がなかったら陽の目を見なかったであろうことを付記して、これらの人々に深く謝意を表する次第である。

一九七八年十二月

東京大学建築研究室にて

著　者

同時代ライブラリー版に寄せて

この『街並みの美学』が始めて岩波書店から出版されたのは今から丁度十一年前のことであった。その当時、わが国は追いつけ追いこせのかけ声と共に経済発展になりふりかまわず猛進していた。街には極彩色のそで看板が氾濫し、道路には電柱、電線、柱上トランスが設置され、アパートのベランダには所狭しと布団や洗濯ものが並べられた。建築は敷地の都合であっちに向いたりこっちに向いたり、自分の土地の高度利用にのみ関心があるがごとく、将に雑然とした都市景観を呈していた。西欧の公共優先の都市計画に支えられた整然とした都市景観とは一味も二味もことなっていた。

ところが、一九九〇年を迎えるに当り、わが国も世界の経済大国の一つに成長したためか、都市の文化化や美化が急激に提唱されるようになってきた。われわれ日本人は一旦その気になると必ず短期間にそれを成就させる底力をもっていると私は確信するので、今こそ、都市や街並みや建築について、もっと活発に論議されるべきであると思うのである。そんな時に、拙著『街並みの美学』が同時代ライブラリーの一冊として出版されることになったことを私はこの上もなくうれしく思う次第である。

私は、われわれ日本人が靴を脱いで家の中に入ることが、それほど大きな意味を持っているとは最初思ってもみなかった。しかし、その後、世界各地を旅行してみると、そのことが建築や街並みにまで強く影響していることに気がついた。靴を脱いで室内に入ることは、内部が外部より上位の空間秩序に属することを意味する。そして西欧の壁の厚い石造建築のように「床」より「壁」に価値感をもつ考えかたと強く対峙しているのである。壁を大切にすることは建築の外観を整えることであり、左右対称性、正面性等の考えかたをうみだす。床を大切にすることは内部を拡充するわりに外部には無関心となり、自分だけの領域性——いいかえれば土地の所有権のようなものに執着することとも関係してくると思われる。そんなことを考えているうちに『続・街並みの美学』を書く機会に恵まれた。もし、この本を読まれた読者が更に続編も併せ読んでいただければ著者としてこんなにうれしいことはないと思う次第である。

一九九〇年一月

芦原義信

図・写真一覧

図

写真

写真34　ニコレット・モール案内塔〔同右〕
写真35　IDSセンター〔同右〕
写真36　IDSセンターからのスカイ・ウェイ〔同右〕
写真37　ポートランド（オレゴン州）の歩道〔同右〕
写真38　函館山からの眺望〔児島学敏撮影〕
写真39　アメリカの屋外彫刻〔芦原信孝撮影〕
写真40　ニュー・ヨークの夜景〔同右〕
写真41　新宿の夜景〔著者撮影〕
写真42　富士フイルム本社ビルのガラス面〔小川泰祐撮影〕
写真43　シーグラム・ビル——ニュー・ヨーク〔二川幸夫撮影〕
写真44　ソニー・ビルの夜景〔荒井政夫撮影〕
写真45　雑然たる街並みも、夜はなんとか見られる〔著者撮影〕
写真46　広告塔が一体化して、昼も夜も美しい〔同右〕
写真47　ロッテルダム中心地区計画〔同右〕
写真48　パディントンの街並み〔同右〕
写真49　パディントンの中庭〔同右〕
写真50　パディントン、テラス・ハウス鋳鉄製手すり〔同右〕
写真51　京都の町家の木格子〔同右〕
写真52　アルベロベロの街並み〔同右〕
写真53　チステルニーノ、ヴィットリオ・エマニュエーレ広場での談笑〔同右〕
写真54　チステルニーノの街並み〔同右〕
写真55　イドラ島の眺め〔同右〕
写真56　サントリーニ島ティラの街並み〔二川幸夫撮影〕
写真57　階段状の街並み（サントリーニ島）〔著者撮影〕
写真58　階段状の街並み（パトモス島）〔同右〕
写真59　イスファハンの航空写真〔N・アルダラン *"The Sense of Unity"* より〕
写真60　イスファハン、バザールの連続写真〔芦原太郎撮影〕
写真61　スイス学生会館妻側〔二川幸夫撮影〕

写真62　ユニテ・ダビタシオン妻側〔同右〕
写真63　チャンディガール庁舎〔著者撮影〕
写真64　チャンディガール高等裁判所から議事堂庁舎を眺める〔二川幸夫撮影〕
写真65　ブラジリアの眺め〔著者撮影〕
写真66　六義園の塀〔同右〕
写真67　小石川植物園の塀〔同右〕
写真68　パリの路上のアクティヴィティー〔同右〕

本書は、一九七九年二月岩波書店より刊行された。
底本には同時代ライブラリー版(一九九〇年、岩波書店)を使用した。

参考文献

建築一般

J. M. Richards, *Who's Who in Architecture,* Weidenfeld and Nicolson, London, 1977.

Norman Davey, *A History of Building Materials,* J. M. Dent & Sons Ltd., London, 1961.(山田幸一訳『建築材料の歴史』工業調査会，1969)

和辻哲郎『風土　人間学的考察』岩波書店，1935.

Dagobert Frey, *Glundlegung zu einer vergleichenden Kunstwissenschaft.*(吉岡健二郎訳『比較芸術学』創文社，1961)

Gaston Bachelard, *La Poétique de l'Espace.*(岩村行雄訳『空間の詩学』思潮社，1969)

Gaston Bachelard, *La Terre et les Rêveries du Repos.*(饗庭孝男訳『大地と休息の夢想』思潮社，1970)

奥野健男『文学における原風景—原っぱ・洞窟の幻想』集英社，1972.

Otto Friedrich Bollnow, *Neue Geborgenheit : Das Problem einer Überwindung des Existentialismus.* (須田秀幸訳『実存主義克服の問題』未来社，1969)

Otto Friedrich Bollnow, *Mensch und Raum*, W. Kohlhammer GmbH, Stuttgart, 1963.(大塚恵一他訳『人間と空間』せりか書房，1978)

Antoine de Saint-Exupéry, *Citadelle,* Éditions Gallimard, Paris, 1948.(山崎庸一郎他訳『城砦』みすず書房，1962)

Maurice Merleau-Ponty, *Phénoménologie de la Perception.*(竹内，木田，宮本訳『知覚の現象学２』みすず書房，1974)

Michel Ragon, *Les Erreurs Monumentales.*（吉阪隆正訳『巨大なる過ち』紀伊国屋書店，1972）

Lewis Mumford, *The Culture of Cities*, Harcourt Brace Javanovich, Inc., New York, 1938.（生田勉訳『都市の文化』鹿島出版会，1974）

Robert Venturi, *Complexity and Contradiction in Architecture*, The Museum of Modern Art, New York, 1966.（松下一之訳『建築の複合と対立』美術出版社，1969）

Sibyl Moholy-Nagy, *Native Genius in Anonymous Architecture in North America*, Schocken Books, New York, 1976.

Peter Blake, *Form Follows Fiasco*, Little, Brown and Company, Boston, 1974.

鈴木秀夫『風土の構造』大明堂，1975.

上田篤『日本人とすまい』岩波書店，1974.

視覚構造

James J. Gilbson, *The Perception of the Visual World*, Houghton Mifflin Co., Boston, The Riverside Press, Cambridge, 1950.

Henry Dreyfuss, *The Measure of Man*, Whitney Library of Design, New York, 1959.

Wolfgang Metzger, *Gesetze des Sehens*, Waldemar Kramer, 1953.（盛永四郎訳『視覚の法則』岩波書店，1968）

Rudolf Arnheim, *Art and Visual Perception*, The Regents of the University of California, 1954.（波多野完治他訳『美術と視覚上・下』美術出版社，1963）

Edward T. Hall, *The Silent Language.*（国弘正雄他訳『沈黙のことば』南雲堂，1966）

Edward T. Hall, *The Hidden Dimension.*（日高・佐藤訳『かくれた次元』みすず書房，1970）

Robert Sommer, *Personal Space*.(穐山貞登訳『人間の空間』鹿島出版会, 1972)

Robert Sommer, *Tight Spaces*, Prentice-Hall, Inc., Englewood Cliffs, 1974.

建築・都市空間

Camillo Sitte, *Der Städtebau nach seinen künstlerischen Gründsätzen*(first edition, 1889).

Camillo Sitte, *The Art of Building Cities*, translated by Charles T. Stewart, Reinhold, 1945.

Camillo Sitte, *City Planning According to Artistic Principles*, translated by George R. Collins and Christiane Crasemann Collins, Random House, 1965.(大石敏雄訳『広場の造形』美術出版社, 1968)

George R. Collins and Christiane Crasemann Collins, *Camillo Sitte and the Birth of Modern City Planning,* Random House, 1965.

Janathan Barnett, *Urban Design as Public Policy*, McGraw-Hill, Inc., New York, 1974.(六鹿正治訳『アーバン・デザインの手法』鹿島出版会, 1977)

Werner Hegemann & Elbert Peets, *The American Vitruvius : An Architect's Handbook of Civic Art*, Arch. Publishing Co., New York, 1922.

Ernö Goldfinger, "The Sensation of Space", *Arch. Review*, Nov. 1941.

Ernö Goldfinger, "Urbanism and the Spatial Order", *Arch. Review,*Dec. 1941.

Ernö Goldfinger, "Elements of Enclosed Space", *Arch. Review*, Jan. 1942.

Gordon Cullen, "Immediacy", *Arch. Review*, April 1953.
Gordon Cullen, "Closure", *Arch. Review,* March 1955.
Gordon Cullen, "Counter Attack", *Arch. Review*, Dec. 1956.
Gordon Cullen, *Townscape*, The Architectural Press, London, 1961.
Hans Blumenfeld, "Scale in Civic Design", *Town Planning Re-view*, April 1953.
Pieter Dijkema, *Innen und Aussen,* Verlag G.Van Saane, Lectura Architectonica, Hilversum.
Philip Thiel, "The Anatomy of Space", a draft copy, 1959.
Philip Thiel, "The Urban Spaces at Broadway and Mason, A Visual Survey, Analysis and Representation", 1959.
Philip Thiel, "A Notation for Architectural and Urban Space Sequences", 1960.
Philip Thiel, "A Sequence Experience Notation for Architectural and Urban Space", *The Town Planning Review*, April 1961.
Philip Thiel, "An Experiment in Space Notation", *Arch. Review*, May 1962.
Kevin Lynch & Malcolm Rivkin, "A Walk Around the Block", *Landscape*, Spring 1959.
Alvin K. Lukashok & Kevin Lynch, "Some Childhood Memories of the City", *American Institute of Planners Journal*, Summer 1956.
Kevin Lynch, *Image of the City.*(丹下健三・富田玲子訳『都市のイメージ』岩波書店，1968)
Kevin Lynch, *Site Planning*, The MIT Press, Cambridge, Mass., 1962.(前野淳一郎・佐々木宏訳『敷地計画の技法』鹿島出版会, 1966)
Frederic Gibberd, *Town Design*, Architectural Press, 3rd ed.,

London, 1959.

Bruno Zevi, *Architecture as Space.*(栗田勇訳『空間としての建築』青銅社，1966)

Steen Eiler Rasmussen, *Experiencing Architecture.*(佐々木宏訳『経験としての建築』美術出版社，1967)

Steen Eiler Rasmussen, *Towns and Buildings : Described in Drawings and Words*, The University Press of Liverpool, Liverpool, 1951.

Christian Norberg-Schulz, *Intentions in Architecture*, Universitetsforlaget, Allen & Unwin Ltd., 1963.

Christian Norberg-Schulz, *Existence, Space and Architecture.*(加藤邦男訳『実存・空間・建築』鹿島出版会，1973)

Edited by Charles Jencks & George Baind, *Meaning in Architecture*, Barrie & Jenkins, London, 1969.

The Editors of Fortune, *The Exploding Metropolis*, Doubleday & Co. Inc., New York, 1958.

Jane Jacobs, *The Death and Life of Great American Cities.*(黒川紀章訳『アメリカ大都市の死と生』鹿島出版会，1969)

Ian Nairin, *Counter-attack against Subtopia*, The Architectural Press, London, 1956.

Ian Nairin, *Outrage*, The Architectural Press, London, 1955.

Constantine E. Michaelides, *Hydra : A Greek Island Town*, The Univ. of Chicago Press, Chicago & London, 1967.

Myron Goldfinger, *Villages in the Sun*, Lund Humphries, London, 1969.

Edward Allen, *Stone Shelters*, The MIT Press, Cambridge & London, 1969.

パディントン

The Paddington Society, *Paddington—A Plan for Preservation*, Sydney, 1970.

Albert N. Clarke, *Historic Sydney and New South Wales*, The Central Press Pty Ltd., Sydney, 1968.

John Roseth, "The Revival of an Old Residential Area", Doctor theisis to Univ. of Sydney, 1969.

Patricia Thompson, *Paddington Sketchbook*, Rigby Ltd. Sydney, 1971.

Patricia Thompson, *The Story of Paddington*, The Fiveways Publishing Company, Sydney.

Rob Hillier, *Let's Buy A Terrace House*, Ure Smith, Sydney, 1968.

J. M. Freeland, *The Australian Pub*, Melbourne University Press, Australia, 1966.

ロックフェラー・センターとニュー・ヨーク

W. Reid, I. S. Robbins, F. V. Madigan & G. J. Carey, *Memo to Architects*, New York City Housing Authority, 1952.

Marya Mannes, *The New York I Know,* J. B. Lippincott Company, Philadelphia, 1959.

Norval White & Elliot Willensky, *AIA Guide to New York*, Macmillan Publishing Co. Inc., New York, 1967.

Robert F. R. Ballard, *Directory of Manhattan Office Buildings*, McGraw-Hill, Inc., New York, 1978.

Alan Balfour, *Rockefeller Center*, McGraw-Hill, Inc., New York, 1978.

Regional Plan Association, *Urban Design Manhattan*, Studio

Vista, London, 1969.
David Kenneth Specter, *Urban Spaces,* New York Graphic Society Ltd., Greenwich, Conn., 1974.

イタリアの広場と囲郭都市

Wolfgang Lotz, *Studies in Italian Renaissance Architecture*, The MIT Press, Cambridge, Mass., 1977.
Paul Zucker, *Town and Square*, Columbia Univ. Press., New York, 1959.(大石敏雄監修，加藤・三浦訳『都市と広場』鹿島出版会，1975)
G. E. Kidder Smith, *Italy Builds*, Reinhold Publishing Co., New York, 1954.
Franco Borsi & Geno Pampaloni, *Monumenti D'Italia LE PLAZZE*, Istituto Geografico, De Agostini/Novara, 1975.
Howard Saalman, *Medieval Cities*, George Braziller, Inc., New York, 1968.
Paolo Favole, *Piazze d'Italia*, Bramante Editrice, Milano, 1972.
Italia Meravigliosa, *Piazze d'Italia*, Touring Club Italiano, Milano, 1971.
Italia Meravigliosa, *Ville d'Italia*, Touring Club Italiano, Milano, 1972.
Ivor de Wolfe, *The Italian Townscape*, The Architectural Press, London, 1963.
Giovanni Cecchini, *San Gimignano*, Electa Editrice, Milano, 1962.
Malcolm Todd, *The Walls of Rome*, Paul Elek, London, 1978.
Horst de la Croix, *Military Considerations in City Planning : Fortifications*, George Braziller, Inc., New York, 1972.
Howard Saalman, *Haussmann : Paris Transformed*, George

Braziller, Inc., New York, 1971.
木内信蔵『都市地理学研究』古今書房，1951.
矢守一彦『都市プランの研究』大明堂，1970.
今井登志喜『都市発達史研究』東京大学出版会，1951.

イスファハン

Abdol-Hamid Eshragh(supervisor), *Masterpieces of Iranian Architecture*, The Ministry of Development, Iran, 1970.
Henri Stierlin, *Iran of the Master Builders*, Éditions d'Art Sigma, Geneva, 1971.
Henri Stierlin, *Ispahan-Image du Paradis*, La Bibliothèque des Arts, Lausanne, 1976.
Nader Ardalan & Laleh Bakhtiar, *The Sense of Unity*, The Uni-versity of Chicago Press, Chicago, 1973.
"Art and Architecture", *Iran*, No. 18-19, June-Nov. 1973.
Roland Rainer, *Anonymes Bauen in Iran*, Akademische Druck-u. Verlagsanstalt, Graz, 1977.
日本建築学会『建築雑誌』「中東地域の風土・建築特集」Vol. 92, No. 1123, 1977. *Architectural Review*, London, May 1976.

景観

John Ormsbee Simonds, *Landscape Architecture*, McGraw-Hill Book Company, Inc., New York, 1961.
Litton, Tetlow, Sorensen & Beatty, *Water and Landscape*, Water Information Center Inc., Port Washington, 1974.
Jay Appleton, *The Experience of Landscape*, John Wiley & Sons, London, 1975.
Robert Venturi, Denise Scott Brown & Steven Izenour, *Learning*

from Las Vegas, The MIT Press, Cambridge, Mass., 1972.
Craig S. Campbell, *Water in Landscape Architecture,* Van Nostrand Reinhold Company, New York, 1978.
樋口忠彦「景観の構造に関する基礎的研究」東京大学工学部学位論文，1974.
樋口忠彦『景観の構造』技報堂，1975.
中村良夫『土木空間の造形』技報堂，1967.
鈴木昌道『ランドスケープデザイン』「〈風土・建築・造園〉の構成原理」，彰国社，1978.

街並み

島村昇・鈴鹿幸雄『京の町家』鹿島出版会，1971.
清水一他『京の民家』淡交社，1962.
上田篤他『町家』鹿島出版会，1975.
『日本の町並み』(上巻，下巻)毎日新聞社，1975.
Thomas La Brevine, *Enchanted Paris*, B. Arthaud, Paris, 1959.
Carole Rifkind, *Main Street, The Face of Urban America*, New York, Harper & Row, Publishers, 1977.
Pennsylvania Avenue Development Corporation, *The Pennsylvania Avenue Plan 1974.*
Bernard Rudofsky, *Streets for People.*(平良・岡野訳『人間のための街路』鹿島出版会，1973)
Thomas Sharp, *Town and Townscape.*(長素連・もも子訳『タウンスケープ』鹿島出版会，1972)
西沢文隆『コート・ハウス論』相模書房，1974.
Harald Deilmann, Gerhard Bickenbach, Herbert Pfeiffer, *Housing Groups*, Karl Krämer Verlag, Stuttgart, 1977.
M. W. Barley, *The House and Home : A Review of 900 Years of House Planning and Furnishing in Britain*, Studio Vista,

London, 1963.
Duncan Macintosh, *The Modern Courtyard House*.(北原理雄訳『現代のコートハウス』鹿島出版会，1976)
Hubert Hoffmann, *Low Houses and Cluster Houses, An International Survey*, Frederick A. Prager, New York, 1967.(北原理雄訳『都市の低層集合住宅』鹿島出版会，1973)
José Luis Sert, *Ibiza*, Ediciones Poligrafa, S. A., Barcelona, 1967.
Jacques Hillairet, *Dictionnaire Historique des Rues de Paris*, Les Éditions de Minuit, Paris, 1964.

外部空間の構成

芦原義信『外部空間の構成／建築より都市へ』彰国社，1962.
Yoshinobu Ashihara, *Exterior Design in Architecture*, Van Nostrand Reinhold Company, New York, 1970.(芦原義信訳『外部空間の設計』彰国社，1975)
Edward K. Carpenter, *Urban Design Case Studies*, RC Publications, Inc., Washington, D. C., 1977.
Harold Lewis Malt, *Furnishing the City*, McGraw-Hill Book Company, New York, 1970.
John J. Costonis, *Space Adrift*, University of Illinois Press, Urbana, 1974.
Whitney North Seymour, Jr. ed., *Small Urban Spaces*.(小沢明訳『スモール　アーバン　スペース』彰国社，1973)
Olwen C. Marlowe, *Outdoor Design : A Handbook for the Architect and Planner*, Crosby Lockwood Staples, London, 1977.
Roberto Brambilla & Gianni Longo, *For Pedestrians Only*, Whitney Library of Design, New York, 1977.
Geoffrey Warren, *Vanishing Street Furniture*, David & Charles Limited, Newton Abbot, 1978.

Design Council, *Street Furniture from Design Index*, Design Council, London, 1976.

Declan Kennedy, Margrit Kennedy, *The Inner City* (*Architects' Year Book XIV*), Paul Elek, London, 1974.

Ernst-Erik Pfannschmidt, *Fountains and Springs*, George G. Harrap & Co. Ltd., London, 1968.

Madge Garland, *The Small Garden in the City*, The Architectural Press, London, 1973.

Charles Goodman, Wolf von Eckardt, *Life for Dead Spaces*, Fred L. Lavanburg Foundation (Harcourt, Brace World, Inc.), New York, 1963.

Lawrence Halprin, *Cities*.(伊藤ていじ訳『都市環境の演出』彰国社，1970)

PROCESS : Architecture, No. 4,「ローレンス・ハルプリン」, プロセス　アーキテクチュア，1978.

Lawrence Halprin, *Freeways*, Reinhold Publishing Corporation, New York, 1966.

Lawrence Halprin, *Notebooks 1959-1971*, The MIT Press, Cambridge, Mass., 1972.

Serge Chermayeff and Christopher Alexander, *Community and Privacy*, Doubleday, 1963.(岡田新一訳『コミュニティとプライバシー』鹿島出版会，1967)

Paul D. Spreiregen, *The Architecture of Towns and Cities*, McGraw-Hill Book Company, New York, 1965.

チャンディガールとブラジリア

Charles Jencks, *Le Corbusier and the Tragic View of Architecture*, Allen Lane, London, 1973.

Norma Evenson, *Le Corbusier : The Machine and the Grand*

Design, George Braziller, Inc., New York, 1969.

Willy Boesiger & Hans Girsberger, *Le Corbusier 1910-65*, Zürich, 1967.

Willy Boesiger, *Le Corbusier 1952-1957,* Zürich, 1957.

Norma Evenson, *Chandigarh*, University of California Press, California, 1966.

Le Corbusier, *Le Modulor*, 1948.(吉阪隆正訳『モデュロールI・II』鹿島出版会，1976)

Stamo Papadaki, *Oscar Neimeyer*, George Braziller, Inc., New York, 1960.

Willy Staubli, *Brasilia*, Verlagsanstalt Alexander Koch GmbH, Stuttgart, 1965.

屋外彫刻

Louis G. Redstone, *Art in Architecture*, McGraw-Hill Book Company, New York, 1968.

Margaret A. Robinette, *Outdoor Sculpture*, Whitney Library of Design, New York, 1976.

Eduard Trier, *Form and Space*, Thames and Hudson, London, 1961.

Kurt Kranz, *Capire l'Arte Moderna*, Edizioni di Comunità, Milano, 1964.

Marcel Joray, *Le Bêton dans l'Art Contemporain*, Éditions du Griffon, Neuchâtel, 1977.

Udo Kultermann, *Neue Dimensionen der Plastik*, Verlag Ernst Wasmuth, Tübingen, 1972.

M.-R. Bentein-Stoelen, *Middelheim*, Anvers, 1971.

R. V. Gindertael, *Morice Lipsi,* Éditions du Griffon, Neunchâtel, 1965.

Palma Bucarelli, *Giacometti,* Editalia, Rome, 1962.

Ionel Jianou, *Henry Moore*, Tudor Publishing Co. Inc., New York, 1968.

James Johnson Sweeney, *Alexander Calder,* The Museum of Modern Art, New York, 1951.

Ionel Jianou-Michel Dufet, *Bourdelle*, Arted-Éditions d'Art, Paris, 1965.

Sidney Geist, *A Study of the Sculpture-Brancusi*, Grossman Publishers, New York, 1968.

Sidney Geist, *Brancusi, The Sculpture and Drawings*, Harry N. Abrams, Inc., New York, 1975.

M. de Micheli, *Manzu*, Fratelli Fabbri Editori, Milano, 1971.

Frank Popper, *Agam*, Harry N. Abrams, Inc., New York, 1976.

Jan van der Marck, *George Segal*, Harry N. Abrams, Inc., New York, 1975.

Ionel Jianou-C. Goldscheider, *Rodin,* Arted-Éditions d'Art, Paris, 1969.

Waldemar George, *Maillol*, Éditions Ides et Calendes, Neuchâtel, 1964.

Ionel Jianou, *Zadkine*, Arted-Éditions d'Art, Paris, 1964.

Edouard Trier, *Marino Marini*, Éditions du Griffon, Neuchâtel, 1961.

Carlo Pirovano, *Marino Marini,* Electa Editrice, Milano.

J. P. Hodin, *Emilio Greco Sculpture & Drawings*, Adams & Dart, Bath, 1971.

Fortunato Bellonzi, *Emilio Greco,* Editalia, Rome, 1962.

街並みの美学

2001年4月16日　第1刷発行
2024年7月5日　第22刷発行

著　者　芦原義信《あしはらよしのぶ》

発行者　坂本政謙

発行所　株式会社 岩波書店
〒101-8002 東京都千代田区一ツ橋 2-5-5
案内 03-5210-4000　営業部 03-5210-4111
https://www.iwanami.co.jp/

印刷・精興社　製本・中永製本

ISBN 978-4-00-600049-3　Printed in Japan

岩波現代文庫創刊二〇年に際して

二一世紀が始まってからすでに二〇年が経とうとしています。この間のグローバル化の急激な進行は世界のあり方を大きく変えました。世界規模で経済や情報の結びつきが強まるとともに、国境を越えた人の移動は日常の光景となり、今やどこに住んでいても、私たちの暮らしは世界中の様々な出来事と無関係ではいられません。しかし、グローバル化の中で否応なくもたらされる「他者」との出会いや交流は、新たな文化や価値観だけではなく、摩擦や衝突、そしてしばしば憎悪までをも生み出しています。グローバル化にともなう副作用は、その恩恵を遥かにこえていると言わざるを得ません。

今私たちに求められているのは、国内、国外にかかわらず、異なる歴史や経験、文化を持つ「他者」と向き合い、よりよい関係を結び直してゆくための想像力、構想力ではないでしょうか。

新世紀の到来を目前にした二〇〇〇年一月に創刊された岩波現代文庫は、この二〇年を通して、哲学や歴史、経済、自然科学から、小説やエッセイ、ルポルタージュにいたるまで幅広いジャンルの書目を刊行してきました。一〇〇〇点を超える書目には、人類が直面してきた様々な課題と、試行錯誤の営みが刻まれています。読書を通した過去の「他者」との出会いから得られる知識や経験は、私たちがよりよい社会を作り上げてゆくために大きな示唆を与えてくれるはずです。

一冊の本が世界を変える大きな力を持つことを信じ、岩波現代文庫はこれからもさらなるラインナップの充実をめざしてゆきます。

（二〇二〇年一月）

G419
新編 つぶやきの政治思想
李 静和

秘められた悲しみにまなざしを向け、声にならないつぶやきに耳を澄ます。記憶と忘却、証言と沈黙、ともに生きることをめぐるエッセイ集。鵜飼哲・金石範・崎山多美の応答も。

G420-421
ロールズ 政治哲学史講義(I・II)
ジョン・ロールズ
サミュエル・フリーマン編
齋藤純一ほか訳

ロールズがハーバードで行ってきた「近代政治哲学」講座の講義録。リベラリズムの伝統をつくった八人の理論家について論じる。

G422
企業中心社会を超えて
—現代日本を〈ジェンダー〉で読む—
大沢真理

長時間労働、過労死、福祉の貧困……。大企業中心の社会が作り出す歪みと痛みをジェンダーの視点から捉え直した先駆的著作。

G423
増補「戦争経験」の戦後史
—語られた体験/証言/記憶—
成田龍一

社会状況に応じて変容してゆく戦争についての語り。その変遷を通して、戦後日本社会の特質を浮き彫りにする。〈解説〉平野啓一郎

G424
定本 酒呑童子の誕生
—もうひとつの日本文化—
髙橋昌明

酒呑童子は都に疫病をはやらすケガレた疫鬼だった——緻密な考証と大胆な推論によって物語の成り立ちを解き明かす。〈解説〉永井路子

岩波現代文庫［学術］

G425
岡本太郎の見た日本
赤坂憲雄

東北、沖縄、そして韓国へ。旅する太郎が見出した日本とは。その道行きを鮮やかに読み解き、思想家としての本質に迫る。

G426
政治と複数性
—民主的な公共性にむけて—
齋藤純一

「余計者」を見棄てようとする脱‐実在化の暴力に抗し、一人ひとりの現われを保障する。開かれた社会統合の可能性を探究する書。

G427
増補 エル・チチョンの怒り
—メキシコ近代とインディオの村—
清水透

メキシコ南端のインディオの村に生きる人びとにとって、国家とは、近代とは何だったのか。近現代メキシコの激動をマヤの末裔たちの視点に寄り添いながら描き出す。

G428
哲おじさんと学くん
—世の中では隠されているいちばん大切なことについて—
永井均

自分は今、なぜこの世に存在しているのか？友だちや先生にわかってもらえない学くんの疑問に哲おじさんが答え、哲学的議論へと発展していく、対話形式の哲学入門。

G429
マインド・タイム
—脳と意識の時間—
ベンジャミン・リベット
下條信輔
安納令奈 訳

実験に裏づけられた驚愕の発見を提示し、脳と心や意識をめぐる深い洞察を展開する。脳神経科学の歴史に残る研究をまとめた一冊。〈解説〉下條信輔

2024.6

G430
被差別部落認識の歴史
―異化と同化の間―
黒川みどり

差別する側、差別を受ける側の双方は部落差別をどのように認識してきたのか――明治から現代に至る軌跡をたどった初めての通史。

G431
文化としての科学/技術
村上陽一郎

近現代に大きく変貌した科学/技術。その質的な変遷を科学史の泰斗がわかりやすく解説、望ましい科学研究や教育のあり方を提言する。

G432
方法としての史学史
―歴史論集1―
成田龍一

歴史学は「なにを」「いかに」論じてきたのか。史学史的な視点から、歴史学のアイデンティティを確認し、可能性を問い直す。現代文庫オリジナル版。〈解説〉戸邉秀明

G433
〈戦後知〉を歴史化する
―歴史論集2―
成田龍一

〈戦後知〉を体現する文学・思想の読解を通じて、歴史学を専門知の閉域から解き放つ試み。現代文庫オリジナル版。〈解説〉戸邉秀明

G434
危機の時代の歴史学のために
―歴史論集3―
成田龍一

時代の危機に立ち向かいながら、自己変革を続ける歴史学。その社会との関係を改めて問い直す「歴史批評」を集成する。〈解説〉戸邉秀明

岩波現代文庫［学術］

G435
宗教と科学の接点
河合隼雄

「たましい」「死」「意識」など、近代科学から取り残されてきた、人間が生きていくために大切な問題を心理療法の視点から考察する。〈解説〉河合俊雄

G436
増補 軍隊と地域
—郷土部隊と民衆意識のゆくえ—

荒川章二

一八八〇年代から敗戦までの静岡を舞台に、矛盾を孕みつつ地域に根づいていった軍が、民衆生活を破壊するに至る過程を描き出す。

G437
歴史が後ずさりするとき
—熱い戦争とメディア—

ウンベルト・エーコ
リッカルド・アマデイ訳

歴史があたかも進歩をやめて後ずさりしはじめたかに見える二十一世紀初めの政治・社会の現実を鋭く批判した稀代の知識人の発言集。

G438
増補 女が学者になるとき
—インドネシア研究奮闘記—

倉沢愛子

インドネシア研究の第一人者として知られる著者の原点とも言える日々を綴った半生記。「補章　女は学者をやめられない」を収録。

G439
完本 中国再考
—領域・民族・文化—

葛兆光
辻康吾監訳
永田小絵訳

「中国」とは一体何か？　複雑な歴史がもたらした国家アイデンティティの特殊性と基本構造を考察し、現代の国際問題を考えるための視座を提供する。

2024. 6

G440
私が進化生物学者になった理由
長谷川眞理子

ドリトル先生の大好きな少女がいかにして進化生物学者になったのか。通説の誤りに気づき、独自の道を切り拓いた人生の歩みを語る。巻末に参考文献一覧付き。

G441
愛について
―アイデンティティと欲望の政治学―
竹村和子

物語を攪乱し、語りえぬものに声を与える。精緻な理論でフェミニズム批評をリードしつづけた著者の代表作、待望の文庫化。〈解説〉新田啓子

G442
宝塚
―変容を続ける「日本モダニズム」―
川崎賢子

百年の歴史を誇る宝塚歌劇団。その魅力を掘り下げ、宝塚の新世紀を展望する。底本を大幅に増補・改訂した宝塚論の決定版。

G443
新版 ナショナリズムの狭間から
―「慰安婦」問題とフェミニズムの課題―
山下英愛

性差別的な社会構造における女性人権問題として、現代の性暴力被害につづく側面を持つ「慰安婦」問題理解の手がかりとなる一冊。

G444
夢・神話・物語と日本人
―エラノス会議講演録―
河合隼雄
河合俊雄訳

河合隼雄が、日本の夢・神話・物語などをもとに日本人の心性を解き明かした講演の記録。著者の代表作に結実する思想のエッセンスが凝縮した一冊。〈解説〉河合俊雄

岩波現代文庫［学術］

G445-446
ねじ曲げられた桜（上・下）
―美意識と軍国主義―
大貫恵美子

桜の意味の変遷と学徒特攻隊員の日記分析を通して、日本国家と国民の間に起きた「相互誤認」を証明する。〈解説〉佐藤卓己

G447
正義への責任
アイリス・マリオン・ヤング
岡野八代
池田直子 訳

自助努力が強要される政治の下で、人びとが正義を求めてつながり合う可能性を問う。ヌスバウムによる序文も収録。〈解説〉土屋和代

G448-449
ヨーロッパ覇権以前（上・下）
―もうひとつの世界システム―
J.L.アブー＝ルゴド
佐藤次高ほか訳

近代成立のはるか前、ユーラシア世界は既に一つのシステムをつくりあげていた。豊かな筆致で描き出されるグローバル・ヒストリー。

G450
政治思想史と理論のあいだ
―「他者」をめぐる対話―
小野紀明

政治思想史と政治的規範理論、融合し相克する二者を「他者」を軸に架橋させ、理論の全体像に迫る、政治哲学の画期的な解説書。

G451
平等と効率の福祉革命
―新しい女性の役割―
G.エスピン＝アンデルセン
大沢真理監訳

キャリアを追求する女性と、性別分業に留まる女性との間で広がる格差。福祉国家論の第一人者による、二極化の転換に向けた提言。

2024.6

岩波現代文庫[学術]

G452
草の根のファシズム
―日本民衆の戦争体験―
吉見義明

戦争を引き起こしたファシズムは民衆が支えていた――従来の戦争観を大きく転換させた名著、待望の文庫化。〈解説〉加藤陽子

G453
日本仏教の社会倫理
―正法を生きる―
島薗進

日本仏教に本来豊かに備わっていた、サッダルマ(正法)を世に現す生き方の系譜を再発見し、新しい日本仏教史像を提示する。

G454
万民の法
ジョン・ロールズ
中山竜一訳

「公正としての正義」の構想を世界に広げ、平和と正義に満ちた国際社会はいかにして実現可能かを追究したロールズ最晩年の主著。

G455
原子・原子核・原子力
―わたしが講義で伝えたかったこと―
山本義隆

原子・原子核について基礎から学び、原子力への理解を深めるための物理入門。予備校での講演に基づきやさしく解説。

G456
ヴァイマル憲法とヒトラー
―戦後民主主義からファシズムへ―
池田浩士

史上最も「民主的」なヴァイマル憲法下で、ヒトラーが合法的に政権を獲得し得たのはなぜなのか。書き下ろしの「後章」を付す。

2024.6

岩波現代文庫[学術]

G457
現代《いま》を生きる日本史
須田努
清水克行

縄文時代から現代までを、ユニークな題材と最新研究を踏まえた平明な叙述で鮮やかに描く。大学の教養科目の講義から生まれた斬新な日本通史。

G458
小　国
—歴史にみる理念と現実—
百瀬　宏

大国中心の権力政治を、小国はどのように生き抜いてきたのか。近代以降の小国の実態と変容を辿った出色の国際関係史。

G459
〈共生〉から考える
—倫理学集中講義—
川本隆史

「共生」という言葉に込められたモチーフを現代社会の様々な問題群から考える。やわらかな語り口の講義形式で、倫理学の教科書としても最適。「精選ブックガイド」を付す。

G460
〈個〉の誕生
—キリスト教教理をつくった人びと—
坂口ふみ

「かけがえのなさ」を指し示す新たな存在論が古代末から中世初期の東地中海世界の激動のうちで形成された次第を、哲学・宗教・歴史を横断して描き出す。〈解説〉山本芳久

G461
満蒙開拓団
—国策の虜囚—
加藤聖文

満洲事変を契機とする農業移民は、陸軍主導の強力な国策となり、今なお続く悲劇をもたらした。計画から終局までを辿る初の通史。

2024.6

G462
排除の現象学
赤坂憲雄

いじめ、ホームレス殺害、宗教集団への批判――八十年代の事件の数々から、異人が見出され生贄とされる、共同体の暴力を読み解く。時を超えて現代社会に切実に響く、傑作評論。

G463
越境する民
近代大阪の朝鮮人史
杉原達

暮しの中で朝鮮人と出会った日本人の外国人認識はどのように形成されたのか。その後の研究に大きな影響を与えた「地域からの世界史」。

G464
越境を生きる
ベネディクト・アンダーソン回想録
ベネディクト・アンダーソン
加藤剛訳

『想像の共同体』の著者が、自身の研究と人生を振り返り、学問的・文化的枠組にとらわれず自由に生き、学ぶことの大切さを説く。

G465
我々はどのような生き物なのか
―言語と政治をめぐる二講演―
ノーム・チョムスキー
福井直樹
辻子美保子編訳

政治活動家チョムスキーの土台に科学者としての人間観があることを初めて明確に示した二〇一四年来日時の講演とインタビュー。

G466
ヴァーチャル日本語 役割語の謎
金水敏

現実には存在しなくても、いかにもそれらしく感じる言葉づかい「役割語」。誰がいつ作ったのか。なぜみんなが知っているのか。何のためにあるのか。〈解説〉田中ゆかり

G467
コレモ日本語アルカ？
―異人のことばが生まれるとき―
金水　敏

ピジンとして生まれた〈アルヨことば〉は役割語となり、それがまとう中国人イメージを変容させつつ生き延びてきた。〈解説〉内田慶市

G468
東北学／忘れられた東北
赤坂憲雄

驚きと喜びに満ちた野辺歩きから、「いくつもの東北」が姿を現し、日本文化像の転換を迫る。「東北学」という方法のマニフェストともなった著作の、増補決定版。

G469
増補 昭和天皇の戦争
―「昭和天皇実録」に残されたこと・消されたこと―
山田　朗

平和主義者とされる昭和天皇が全軍を統帥する大元帥であったことを「実録」を読み解きながら明らかにする。〈解説〉古川隆久

G470
帝国の構造
―中心・周辺・亜周辺―
柄谷行人

『世界史の構造』では十分に展開できなかった「帝国」の問題を、独自の「交換様式」の観点から解き明かす、柄谷国家論の集大成。佐藤優氏との対談を併載。

G471
日本軍の治安戦
―日中戦争の実相―
笠原十九司

治安戦（三光作戦）の発端・展開・変容の過程を丹念に辿り、加害の論理と被害の記憶からその実相を浮彫りにする。〈解説〉齋藤一晴

岩波現代文庫［学術］

G472
網野善彦対談セレクション
1 日本史を読み直す
山本幸司編
日本史像の変革に挑み、「日本」とは何かを問い続けた網野善彦。多彩な分野の第一人者たちと交わした闊達な議論の記録を、没後二〇年を機に改めてセレクト。（全二冊）

G473
網野善彦対談セレクション
2 世界史の中の日本史
山本幸司編
戦後日本の知を導いてきた諸氏と語り合った、歴史と人間をめぐる読み応えのある対談六篇。若い世代に贈られた最終講義「人類史の転換と歴史学」を併せ収める。

G474
明治の表象空間（上）
―権力と言説―
松浦寿輝
学問分類の枠を排し、言説の総体を横断的に俯瞰。近代日本の特異性と表象空間のダイナミズムを浮かび上がらせる。（全三巻）

G475
明治の表象空間（中）
―歴史とイデオロギー―
松浦寿輝
「因果」「法則」を備え、人びとのシステム論的な「知」への欲望を満たす社会進化論の跋扈。教育勅語に内在する特異な位相の意味するものとは。日本近代の核心に迫る中巻。

G476
明治の表象空間（下）
―エクリチュールと近代―
松浦寿輝
言文一致体に背を向け、漢文体に執着した透谷・一葉・露伴のエクリチュールにはいかなる近代性が孕まれているか。明治の表象空間の全貌を描き出す最終巻。〈解説〉田中　純

2024. 6

岩波現代文庫[学術]

G477
シモーヌ・ヴェイユ
冨原眞弓

その三四年の生涯は「地表に蔓延する不幸」との闘いであった。比類なき誠実さと清冽な思索の全貌を描く、ヴェイユ研究の決定版。

G478
フェミニズム
竹村和子

最良のフェミニズム入門であり、男/女のカテゴリーを徹底的に問う名著を文庫化。性差の虚構性を暴き、身体から未来を展望する。〈解説〉岡野八代

2024.6